TRAITÉ

DE

PERSPECTIVE

LINÉAIRE,

AVEC DES TABLES,

Par G.-L. GRANDGUILLAUME,

Professeur de Dessin aux Écoles R.les du Génie.

Arras,

Imp. d'Aug. TIERNY, rue Ernestale, n.° 292.

1847.

PERSPECTIVE

LINÉAIRE.

TRAITÉ

DE

PERSPECTIVE

LINÉAIRE,

AVEC DES TABLES,

Par G.-L. GRANDGUILLAUME,

Professeur de Dessin aux Écoles R.^{les} du Génie.

Arras,

Imp. d'Aug. TIERNY, rue Ernestale, n.° 292.

1847.

1848

Les Dessins de perspective, tracés par les méthodes connues, nécessitent un grand nombre de lignes, et si le point de distance est donné hors du tableau, les constructions, à moins d'une grande habileté, deviennent inexécutables. Le jour nouveau sous lequel nous avons envisagé la question, a amené d'importantes simplifications : au moyen de Tables et d'un instrument nommé Réducteur, la perspective d'un point n'exige plus qu'une seule ligne que l'on obtient de la même manière, quelle que soit la distance de l'œil au tableau.

Dans ce Traité, nous avons séparé la partie théorique de ce qui est strictement nécessaire pour la pratique : tous les principes qui reçoivent une application immédiate et fréquente ont été résumés en quelques lignes, et nous croyons avoir rendu un véritable service à MM. les Artistes, en remplaçant de nombreux tracés, sans liaison entr'eux, par un seul problème qui satisfait à tous les cas. Les considérations géométriques sur lesquelles s'appuient cette nouvelle méthode sont présentées d'une manière élémentaire : nous espérons qu'elles seront comprises par beaucoup et que leur application n'offrira de difficulté sérieuse à personne.

1.re PARTIE.

PRATIQUE.

PERSPECTIVE LINÉAIRE.

PRATIQUE.

Pour exécuter une perspective, on suppose :

Un point de vue fixe;

Un tableau d'une forme donnée (1);

Et des objets immobiles derrière le tableau.

En employant pour tableau une vitre transparente, la perspective est ramenée à un simple calque. Placez l'œil en V (Fig. 1), et marquez sur la vitre le point p qui recouvre un autre point P de l'espace : p sera la perspective de P.

(1) Nous nous servirons dans cette première partie d'un tableau plan.

Si, au lieu d'une vitre, on se sert d'un carton, l'œil n'aperçoit pas le point P, et pour déterminer sur le tableau la position de la perspective, il faut recourir à des constructions particulières que nous allons indiquer.

Imaginons par l'œil deux plans, l'un abcd, horizontal (Fig. 2), que nous nommerons *horizon;* l'autre fghk, tout à la fois vertical et perpendiculaire au tableau, que nous nommerons *méridien.* Ces plans seront représentés sur la vitre ou sur le carton, l'horizon par la droite ab et le méridien par la droite fg (1).

C'est à l'horizon et au méridien que nous rapporterons toutes les perspectives tracées sur le tableau.

En abaissant donc de p (Fig. 3) des perpendiculaires sur ab et sur fg, l'une pm exprimera la distance de la perspective à l'horizon, l'autre pn exprimera la distance de la perspective au méridien, et comme ces distances fixent la position de p, le problème général de la perspective revient à trouver, pour un point quelconque P de l'espace, la longueur des deux lignes pm et pn qui projettent sa perspective sur l'horizon et sur le méridien.

Cherchons la valeur de chacune de ces lignes.

Distance à l'horizon. — Nous allons examiner ce que devient la perspective d'un point qui s'éloigne du tableau sans cesser d'appartenir à un même plan hori-

______

(1) Pour abréger, nous conserverons à ces lignes les noms d'horizon et de méridien, bien qu'à la rigueur elles ne soient que les traces de ces plans sur le tableau.

zontal. Parmi les plans horizontaux, nous choisirons celui qui est abaissé au-dessous de l'horizon du quart de la distance de l'œil au tableau (1), et nous adopterons cette distance pour unité. Ce sera l'échelle avec laquelle on devra toujours apprécier l'éloignement des points.

D'abord, il est évident (Fig. 4) que tous les points du plan abcd, situés à une même distance du tableau et quelle que soit leur position par rapport au méridien, donneront des perspectives à même hauteur. Nous pourrons donc nous borner à considérer des points de la perpendiculaire rs (Fig. 5) : le point r de cette ligne qui touche le tableau est tout à la fois le point et sa perspective ; il est séparé de l'horizon de toute la hauteur Cr, c'est-à-dire de l'unité. Un autre point r', à la même distance du tableau que l'œil, donnerait une perspective o, abaissée de la moitié de Cr, ou $\frac{1}{2}$: un troisième point r", éloigné de deux fois la distance de l'œil, aurait pour perspective le point o' abaissé du tiers de Cr, ou $\frac{1}{3}$; enfin, la perspective d'un point infiniment éloigné serait sur l'horizon, c'est-à-dire que l'abaissement se réduirait à zéro.

Entre ces points, nous en avons intercallé d'autres, et l'abaissement de leur perspective a été calculé ; ce sont les résultats de ces calculs qui forment nos tables : on voit donc que pour obtenir la longueur verticale pm (Fig. 5), il faut apprécier, à l'échelle indiquée, la distance du point P au tableau, et chercher dans les tables le

(1) Voyez la note A qui motive ce choix : l'horizon ne pouvait convenir, puisque toutes les figures que l'on trace dans ce plan se confondent sur le tableau dans une seule ligne.

nombre de la seconde colonne qui correspond à cette distance inscrite dans la première.

A la vérité, ce résultat ne peut convenir que pour le cas particulier du plan abaissé au quart de la distance; mais il est facile de l'étendre à un point d'un plan quelconque : il suffira de multiplier le nombre que les tables ont donné par la distance du point à l'horizon. Le produit exprimera l'abaissement de la perspective. Nous verrons comment on obtient ce produit au moyen du réducteur et par un simple déplacement de règles.

Distance au méridien. — Les perspectives de droites égales, parallèles au tableau et également éloignées, sont égales : ainsi, ab et ac (Fig. 6) étant de même longueur et dans un même plan parallèle au tableau, leurs perspectives a'b' et a'c' sont égales; de la première de ces lignes, on peut donc conclure la seconde et opérer pour les distances au méridien comme s'il s'agissait de distances à l'horizon : le quotient donné par les tables est encore l'un des facteurs de la multi-plication que l'on effectue par un simple déplacement de règles.

Un exemple ou deux rendront très-facile l'usage des tables et du réducteur.

Soit P un point à 0^m,07 du tableau ,

à 0^m,04 du méridien et à droite de ce plan,

à 0^m,06 de l'horizon, au-dessous de ce plan.

Prenons pour la distance de l'œil au tableau 4 décimètres; le quart de cette distance ou l'unité sera donc un décimètre : c'est une échelle toute faite dans laquelle les centimètres représentent des dixièmes et les millimètres des centièmes.

Je cherche dans la première colonne des tables 0,7; en regard est le nombre 0,851. Je fais glisser la règle b (Fig. 7) jusqu'à ce que le repère qui longe le bord de cette règle coïncide avec la division 0,851 de la règle a (1). Je prends ensuite sur le repère de la règle c, à partir de la petite ligne transversale de cette règle, 4 centimètres, et j'amène le bord de la règle mobile d à passer par l'extrémité m des 4 centimètres; dans cette position des règles, os est la réduction perspective des 4 centimètres pour un éloignement de 7 centimètres; je prendrai donc sur ab (Fig. 8), à partir du point central C, une longueur Ck égale à os; et par le point k, je tracerai une verticale kx dont la longueur sera déterminée par l'opération suivante.

Sans changer la règle b de place (Fig. 7), je continue à faire tourner la règle d jusqu'à ce que la partie du repère de la règle c devienne égale à 6 centimètres; alors, os' est la réduction perspective de 6 centimètres pour un

(1) Un vernier ajouté à la règle b permet d'apprécier les millièmes. Le repère de la règle b est d'abord amené à coïncider avec les centièmes; ce qui est possible, puisque ces divisions sont marquées sur la règle a. Supposons que cette coïncidence ait lieu, si l'on doit ajouter 2, 3, 4.... millièmes, on fera correspondre la 2.me, la 3.me, la 4.me.... division du vernier avec la division des centièmes de la règle a qui la suit immédiatement vers la droite. Ainsi, dans l'exemple, le repère de la règle b étant à la division 0,83, c'est a la division 0,86 que doit être amenée la division 1 du vernier.

éloignement de 7 : c'est donc la longueur que l'on portera sur la verticale kx (Fig. 8) et qui donnera p pour
la perspective du point P.

Deuxième exemple. — Les distances sont exprimées en
lignes : F (Fig. 9) est la distance de l'œil au tableau :
T, H, M les distances d'un point P', au tableau, au mé
ridien et à l'horizon : le point est à gauche du méridien
et au-dessus de l'horizon.

Après avoir partagé F en quatre parties égales, je
subdivise l'une des parties en 10 et l'un des dixièmes
encore en 10 : T, mesuré sur cette échelle, est égal à
1,85 ; je cherche dans la première colonne des tables
1,85, en regard est le nombre 0,6857 ; j'amène (Fig. 10)
la règle b du réducteur à coïncider avec cette division,
puis je porte successivement sur la règle c les deux
autres longueurs M et H ; le bord de la règle d, en passant
par les extrémités de M et de H, donne sur la règle b
les deux réductions perspectives de ces longueurs : la
première mn est portée sur l'horizon (Fig. 8) à gauche
du point C, et la seconde, mt, sur la verticale k'y, pour
fixer la perspective p' du point P'.

Lorsque les distances M ou H sont trop grandes, on
les divise en deux ou en trois parties quelconques, et les
réductions partielles ajoutées donnent la réduction totale.

Nous sommes donc arrivés à mettre en perspective un
point quelconque de l'espace ; de ce point, nous pas-
serions à une droite en ne considérant que ses extrémités,
à une courbe en prenant un nombre suffisant de ces

points, et comme les contours apparens des objets ne
sont composés que de lignes, le seul problème que nous
avons résolu satisfera dans tous les cas.

Mais ici, une question importante se présente : Est-il
nécessaire de connaître la distance d'un point au tableau,
au méridien et à l'horizon, pour obtenir la perspective
de ce point? En d'autres termes, des dessins géométriques doivent-ils précéder la recherche des perspectives? S'il s'agit de perspective rigoureuse, de celles qui
doivent être vues d'un point fixe, les dessins géométriques sont indispensables. Si l'on ne se propose qu'une
simple approximation, si le point de vue varie dans de
certaines limites, on peut et on doit s'en passer. Les
plans complets d'un paysage, d'un groupe de personnages, seraient impossibles; mais au milieu de détails
inabordables, il y a toujours des lignes principales, des
axes, des positions relatives qu'il faut préciser à l'avance
et fixer sur le tableau par l'usage plus ou moins direct
des tracés rigoureux. D'un autre côté, la perspective,
comme toutes les autres sciences, a des vérités fondamentales auxquelles on doit nécessairement arriver. La
pratique du dessin y conduit quelquefois, toujours avec
un grand travail, une dépense considérable de tems et
une hésitation continuelle; les études que nous conseillons abrègent et ouvrent une voie où tout est clair
et facile. Nous allons exposer ces vérités fondamentales;
les constructions géométriques serviront à les vérifier, à
exécuter une suite de tracés dont les résultats, constatés
et retenus, seront d'une fréquente application dans le
dessin d'imitation, comme dans le travail plus relevé de

la composition. Sans doute, on ne sera pas dessinateur par cela seul qu'on les connaîtra, pas plus que l'on n'est capable d'exécuter une académie parce que l'on a suivi des cours d'anatomie dans un amphithéâtre; mais certainement, elles faciliteront les études du dessin, elles conduiront à des œuvres mieux comprises et maintiendront l'inspiration dans la limite du vrai et du possible. Nous avons réduit les principes essentiels de la perspective à un très-petit nombre : nous ne donnerons que leur énoncé, en renvoyant pour les explications aux quelques pages de la seconde partie.

1.er PRINCIPE. — La perspective d'un point est un point (Fig. 11).

2.e PRINCIPE. — La perspective d'un point monte à mesure que le point s'éloigne du tableau (Fig. 12).

3.e PRINCIPE. — Tout point dans le tableau est lui-même sa perspective.

4.e PRINCIPE. — La perspective d'un point à l'infini serait sur l'horizon.

5.e PRINCIPE. — La perspective d'une droite est une droite (Fig. 13).

6.e PRINCIPE. — La perspective d'une verticale est une verticale (Fig. 14).

7.e PRINCIPE. — Si cette verticale est divisée en parties égales, sa perspective sera divisée en un même nombre de parties aussi égales (Fig. 15).

8.e Principe. — La perspective d'une droite horizontale parallèle au tableau est une parallèle à l'horizon (Fig. 16).

9.e Principe. — Si cette horizontale est divisée en parties égales, sa perspective sera divisée en un même nombre de parties aussi égales (Fig. 17).

10.e Principe. — Les perspectives de plusieurs droites parallèles concourent en un même point du tableau. Ce point est celui où la droite, menée par l'œil parallèlement aux droites données, perce le tableau (Fig. 18).

11.e Principe. — Par conséquent : le point de concours de toutes les perspectives de droites horizontales est sur l'horizon (Fig. 19),

12.e Principe. — Et le point central (1) est le point où tendent toutes les perspectives des droites perpendiculaires au tableau (Fig. 20).

13.e Principe. — Dans le cas de droites parallèles, obliques à la fois à l'horizon et au tableau, si elles s'éloignent du tableau en s'élevant, le point de concours de leur perspective est au-dessus de l'horizon (Fig. 21) : si elles se rapprochent, le point de concours est au-dessous de l'horizon (Fig. 22).

14.e Principe. — Une figure plane quelconque, parallèle au tableau, a pour perspective une figure sem-

---

(1) Nous nommons *point central* l'intersection, dans le tableau, de l'horizon et du méridien : c'est le pied de la perpendiculaire abaissée de l'œil sur le plan du tableau.

blable. Ainsi, la perspective d'un carré est un carré; la perspective d'un cercle est un cercle. Il n'y a aucune déformation; seulement, les figures sont réduites (Fig. 23).

15.e PRINCIPE. — Les milieux perspectifs de deux droites tracées sur le tableau et limitées à deux concourantes quelconques, sont situés sur une troisième concourante.

Ce principe est très-utile dans le dessin d'après nature. Soit ab (Fig. 24) une face de bâtiment en perspective : on voudrait connaître le milieu de ab ; je trace par le point a, ax parallèle à l'horizon, et par le point b, og sous une inclinaison quelconque ; je joins le point o au milieu d de ag, et c est le milieu perspectif de ab : en divisant ag en 3, 4, 5 parties égales, on obtient ab divisé en 3, 4, 5 parties, perspectivement égales, Fig. 24 bis (1).

Les principes que nous venons d'établir conduisent à des simplifications importantes que quelques exemples feront ressortir.

Proposons-nous de mettre en perspective un cube dont abcd (Fig. 25) est l'une des faces. Le cube est à gauche du méridien, à 3 centimètres de ce plan, et sa base, horizontale, repose sur le plan éloigné de l'horizon du quart de la distance de l'œil au tableau ; la longueur du côté ab est de 2 centimètres.

____

(1) Dans les dessins auxquels les principes précédens donnent lieu , nous conseillons de prendre la distance de l'œil au tableau, égale à 4 décimètres, ou 1 décimètre pour l'unité.

Par la méthode générale, il faudrait déterminer la perspective des huit sommets du cube; mais en employant les propriétés des lignes concourantes et en supposant de plus l'une des faces dans le tableau, un seul point est nécessaire.

La face abcd, étant dans le tableau, est représentée en toute grandeur. Les arêtes horizontales, qui partent des points a,b,c,d, sont parallèles et perpendiculaires au tableau; leurs perspectives tendent donc au point central C. Cherchons sur l'une de ces lignes, sur bC, par exemple, le sommet qu'elle contient : ce sommet est à 2 centimètres du tableau et à 3 centimètres du méridien. En opérant comme nous l'avons fait, pages 12 et suivantes, et en observant, d'ailleurs, que la distance au méridien suffit, puisque le point cherché doit déjà se trouver sur la ligne bC, il sera facile d'obtenir le point f; par ce point on mènera une parallèle fg à bc, et une parallèle fh à ab : les lignes hk et kg, tracées parallèlement à ad et dc, représenteraient les autres arêtes que l'on apercevrait si le solide était transparent (1).

Supposons (Fig. 26) un cube disposé obliquement et l'arête cc' dans le tableau : on chercherait d'abord la perspective d, et en prolongeant cd jusqu'à la rencontre de l'horizon, P serait le point de concours des droites parallèles qui ont bP, b'P, c'P pour perspectives; déter-

---

(1) Le milieu s de l'une des faces abfh du cube s'obtient par les diagonales af, bh, et la verticale sy a tous ses points à une distance perspectivement égale des sommets a,b,f,h de la base : c'est donc sur cette verticale que devront être pris les sommets des pyramides qui ont abhf pour base (Fig. 25 bis).

minant ensuite le point b, on obtiendrait, par le prolongement de cb, P' pour point de concours des droites parallèles dont c'P', d'P' et dP' sont les perspectives : le sommet de la base supérieure du cube le plus éloigné doit se trouver à la fois sur bP et sur dP', il est en a; les autres sommets appartiennent aux verticales bb', aa', dd'; menées par les points b, a, d, et terminées aux concourantes des mêmes faces.

La perspective d'une chaise (Fig. 27) ne présenterait pas plus de difficultés. Soit la face a'd'ad dans le tableau, et supposons que l'on ait déterminé, par les moyens ordinaires, la perspective des deux autres points b et c de la base : le prolongement de dc donne sur l'horizon le point P pour le point de concours des perspectives d'P, gP et dP. En prolongeant ab, on a le point P' qui est le point de concours des perspectives a'b', fk et ab; les autres lignes a'a, d'd, etc., et b'c', kh, etc., sont ou verticales, ou parallèles à l'horizon.

Lorsque la chaise est oblique (Fig. 28), il y a sur l'horizon trois points de concours que l'on détermine en prolongeant ab, ad et bc. Au point P, concourent toutes les lignes des faces a'b'ba et d'c'cd; au point P', les lignes de la face aa'd'd; et au point P", les lignes de la quatrième face b'c'cb. Dans les deux perspectives précédentes, les lignes des faces latérales n'ont pas le même point de concours, parce qu'on a supposé le dos plus étroit que le devant de la chaise.

La figure 29, qui est la représentation des principales

lignes d'une petite maison de village, offre un exemple des points de concours situés au-dessus et au-dessous de l'horizon. L'un des points de concours P a été déterminé en traçant la perspective de deux des six droites inclinées qui appartiennent aux faces des pignons ou au long pan, vus ; l'autre P' a été déterminé en prolongeant deux des six lignes qui appartiennent aux faces des pignons ou au long pan, cachés. Quant aux autres lignes de la figure, ou elles concourent au point central, ou elles sont parallèles à l'horizon

Nous terminerons par la perspective de la sphère (Fig. 50) les applications que nous avons cru devoir donner et qu'il sera facile de compléter.

Des points considérés isolément sur la sphère conduiraient difficilement à la perspective cherchée ; l'opération, qui consiste à construire la courbe de contact du cône enveloppant la sphère et à mettre ensuite cette courbe en perspective, est trop longue.

Voici ce que nous ferons : Nous couperons la sphère par des plans AB, CD.... parallèles au tableau ; chacune de ces sections donnera un cercle ; et en supposant que la sphère touche le tableau au point o, les perspectives des centres de tous ces cercles appartiendront à la concourante oC ; il ne restera plus qu'à placer sur cette ligne chacun des centres et à déterminer, par les moyens ordinaires, la perspective des droites Bm, nD.... qui ne sont autre chose que les rayons des cercles des sections. On aura donc à décrire sur le tableau un certain nombre de circonférences dont la limite représentera la courbe apparente de la sphère.

Cette courbe n'est une circonférence que dans un seul cas, lorsque les points o et C se confondent; alors, tous les cercles ont le même centre C, et aucun ne dépasse le plus grand. Dans toutes les autres hypothèses, la perspective de la sphère est une ellipse.

Ce résultat nous fournit l'occasion d'une remarque : c'est que bien souvent, l'image perspective et l'image qui produit la vision ne sont pas d'accord; en d'autres termes, que ce que l'on voit n'est pas semblable à ce que l'on doit faire : la perspective de la sphère en est une preuve incontestable. Quelque place qu'occupe une sphère par rapport à l'œil, elle sera touchée par les rayons visuels extérieurs suivant un cercle, et la seconde nappe du cône, en pénétrant dans l'œil, donnera sur la rétine une ligne semblable à la courbe de contact. Or, la courbe de contact est un cercle; donc, l'image de la sphère, cette image à l'aide de laquelle nous voyons, sera un cercle. Cependant, si le cône visuel des rayons extérieurs vient à être coupé, comme cela a lieu le plus souvent, par un tableau oblique, évidemment la courbe obtenue différera de la section droite qui est un cercle : on verra un cercle, et il faudra dessiner une ellipse. Cette différence existe non-seulement pour la sphère, mais encore pour tous les objets rapprochés du tableau, et principalement pour ceux qui s'éloignent davantage du méridien et de l'horizon. Elle explique, d'ailleurs, ces difficultés presqu'insurmontables que l'on rencontre souvent en dessinant d'après nature, parce qu'on se persuade qu'il faut faire ce que l'on voit, comme on le voit : tandis qu'il faut presque toujours se défier de ce que l'on voit et ne s'en servir que pour arriver à ce que l'on doit faire; aussi, recommanderons-nous, dans l'imitation des objets en relief, et jusqu'à ce que l'on ait acquis une certaine habitude du dessin, de toujours placer en avant du modèle un cadre à jour, croisé par deux fils, l'un pour représenter l'horizon, l'autre pour représenter le méridien (1). Les quatre côtés du cadre et les deux fils seront des repères très-utiles, préférables aux mesures que l'on prend habituellement avec le crayon tenu à la main, mesures qui présentent plusieurs inconvéniens et donnent même de faux résultats lorsque la distance de l'œil au tableau dépasse la longueur du bras. Nous sommes persuadés que le moyen bien simple que nous indiquons et la judicieuse application des principes énoncés pages 16 et suivantes, aplaniront les difficultés et conduiront à une grande précision. Le dessin correct et la perspective exacte ne sont qu'une seule et même chose : la correction n'exclut ni le mouvement, ni la grâce, ni la beauté; elle n'apporte pas d'entraves aux inspirations, elle les règle seulement : tous les tableaux des grands maîtres en sont une preuve, et si on les étudie un peu sérieusement, on voit que la perspective y joue partout, jusques dans les moindres détails, un grand rôle; et qu'outre le génie qui les caractérise, une science immense a dû présider à leur exécution.

----

(1) Ces fils seront disposés, l'horizon à la hauteur de l'œil et le méridien dans la perpendiculaire abaissée de l'œil sur le plan du cadre.

NOTE A. — Un fait qu'il sera facile de constater, c'est que la déformation des figures par la perspective est d'autant plus grande que l'œil est plus près du tableau ; cette déformation disparaît, à la vérité, quand on se place au point de vue et que l'on peut isoler le sujet représenté ; mais comme de pareilles conditions ne sont pas admissibles quand il s'agit de dessins artistiques, il faut nécessairement faire un choix convenable de la distance. La distance, pour produire de bons effets, doit être telle, — qu'elle laisse le plus d'étendue possible à la limite dans laquelle on doit se placer pour voir le dessin ; — qu'elle permette en même tems d'embrasser l'ensemble et de distinguer les détails ; — qu'elle ne soit pas assez grande pour amener la confusion dans les plans éloignés. Une distance de 4 mètres dans les dessins dont les personnages sont de grandeur naturelle, offre un grand avantage (1) : l'échelle, pour l'appréciation de l'éloignement des points du tableau, est alors le mètre, et un réducteur en grand peut être facilement établi dans un atelier : il suffit de disposer horizontalement un mètre gradué contre un mur (Fig. 31), de fixer à l'une de ses extrémités une règle d'équerre, et au moyen d'un fil à plomb et d'un autre fil tendu qui remplaceront les règles mobiles, on parviendra à déterminer toutes les longueurs perspectives telles qu'elles doivent être portées sur le tableau : c'est cette considération qui nous a conduit à abaisser au-dessous de l'horizon le plan auxiliaire des tables du quart de la distance de l'œil au tableau.

---

(1) Avec cette distance, on peut s'approcher du tableau de deux mètres, ou s'en éloigner de six et même de sept mètres.

2ᵉ PARTIE.

THÉORIE.

PERSPECTIVE.

THÉORIE.

Soit V (Fig. 2) la position de l'œil ; P un point quelconque de l'espace ; et trois plans, *le Tableau*, *l'Horizon* et *le Méridien* auxquels le point donné est rapporté. Nous supposerons le premier de ces plans , vertical ; le second horizontal et passant par l'œil ; le troisième vertical et perpendiculaire au tableau, mené également par l'œil.

Soient encore T, H, M, les trois distances du point P — au tableau — à l'horison — et au méridien. (Le point est au-dessous de l'horison et à droite du méridien.)

En supposant illimités les plans que nous venons de définir, leur projection horizontale se réduit à deux droites : l'une is, (Fig. 32) pour la trace du tableau, l'autre Vo pour la trace du méridien.

Il en est de même (Fig. 33) de leur projection sur un plan vertical, perpendiculaire à is et parallèle à Vo ; V'r représente l'horizon et Cg le tableau : p et p' sont les projections horizontales et verticales du point P.

Ces données établies, le problème de la perspective revient à déterminer sur le tableau rabattu (Fig. 34) la position de p" perspective de P : plusieurs tracés conduisent à ce résultat, indiquons celui que nous regardons comme le plus simple et le plus commode dans les applications.

Par la droite qui réunit les points V et p (Fig. 32), concevons un plan vertical; ce plan contiendra le rayon visuel VP, et évidemment le tableau sera rencontré par ce rayon en un point de la verticale qui se projette en d. Donc, si après avoir rabattu le tableau (Fig. 34) et indiqué les traces de l'horizon et du méridien, nous portons Kd, de C' en m (Fig. 34), la perspective cherchée sera l'un des points de la verticale my.

Traçons ensuite la droite V'p' (Fig. 33); le plan perpendiculaire au plan de projection mené par cette droite renferme aussi le rayon visuel VP, et le tableau ne peut être rencontré par ce rayon qu'en un point de l'horizontale projetée en b; si nous prenons C'a (Fig. 34) égale à Cb (Fig. 33) nous pourrons tracer l'horizontale ax qui contiendra la perspective de P , mais elle est déjà sur my , donc elle est en p".

Cette solution est à elle seule une méthode simple et générale de perspective , cependant la nécessité de marquer le point de vue sur la surface qui sert au tracé présente, comme les autres méthodes enseignées, de graves inconvénients que nous allons essayer d'éviter.

Dans les deux projections (Fig. 32 et 33) remarquons que Vk = V'C et que Vo = V'r, par conséquent le rapport de kd à Cb sera le même que celui de op à rp' ; ce dernier rapport est toujours donné, il suffira donc de calculer kd ou Cb pour connaître le premier. — Cherchons la valeur de Cb. Les triangles semblables V'rp', V'Cb donnent

V'r : rp' : : V'C : Cb, ou, en faisant V'C $= D$, rp' $=$ H' et Cr $=$ T,

D$+$T : H' : : D : Cb, d'où Cb $= \dfrac{H'D}{D+T}$. On aurait pour d'autres points p'' p''', situés dans le plan horizontal qui passe par p',

Cb' $= \dfrac{H'D}{D+T'}$, Cb'' $= \dfrac{H'D}{D+T''}$ (a) (Voir page 34). Ces expressions peuvent être ramenées à une forme plus simple encore ; posons $\dfrac{D}{4} = 1$ et H' $= \dfrac{1}{4}$ D. Elles deviennent

Cb $= \dfrac{4}{4+T}$, Cb' $= \dfrac{4}{4+T'}$, Cb'' $= \dfrac{4}{4+T''}$ dans lesquelles un seul terme est variable ; après avoir supposé à T, T', T'' de très-petites valeurs 0,001, 0,0015, 0,002...... et effectué les divisions on a obtenu les quotients des tables.

Ces tables font immédiatement connaître la distance de la perspective d'un point du plan gp''' à l'horizon, et donnent par conséquent sur le tableau fig. 34, la distance mp''. Mais on peut aussi en déduire celle d'un point appartenant à un autre plan, plus haut ou plus bas que le $\dfrac{1}{4}$ de D. En effet, supposons un point quelconque z : à cause des parallèles r p' et Cg on a r p' : Cb : : r z : fC,

d'où fC $= \dfrac{Cb \times rz}{H'} = C b \times r z$. D'ailleurs de la proportion

kd : Cb : : o p : p' r, précédemment indiquée, on tire

kd $= \dfrac{C b \times o p}{H'} = C b \times o p$: on voit donc que Cb étant connu, le calcul des deux perpendiculaires, qui fixent sur le tableau la perspective de z, se réduit à une simple multiplication. Le réducteur perspectif que nous allons décrire donne les résultats graphiques de cette opération avec une grande célérité.

Nous emploierons pour construire le réducteur, quatre règles ; l'une, ox (Fig. 35), tournant autour du point o ; une autre cy glissant de manière à rester parallèle à az ; enfin une quatrième ao divisée en 10 parties égales, afin que l'on puisse placer la règle cy sur la division indiquée par le quotient des tables ; soit 0,7 ce quotient pour un point donné ; il est évident que si, après avoir placé la règle cy sur la division chiffrée 0,7 et porté l'unité $\frac{1}{4}$ D de a en f, on amène la règle ox à passer par le point f, cb contiendra les 7 dixièmes de af, quelle que soit d'ailleurs la longueur de cette unité.

D'un autre côté à cause des parallèles az, cy et des concourantes ao, fo, f'o on a, $af : cb : : af' : cb'$, d'où $cb' = \dfrac{cb \times af'}{af} = cb \times af'$ puisque $af = 1$. Le simple déplacement de la règle ox effectue donc graphiquement les multiplications qui donnent la longueur des coordonnées mp'', ap'' (fig. 34.) : $cb + cb'$, $2cb$, $3cb$..... seraient les perspectives de $af + af'$, de $2af$, de $3af$..... (b) (voir page 35.)

La première partie de ce traité renferme un nombre suffisant d'applications. Nous allons nous occuper de la démonstration des principes de perspective que nous avons simplement énoncés page 16.

1ᵉʳ PRINCIPE. — La perspective d'un point est un point.

Le tableau est un plan, le rayon est une droite : l'intersection d'une droite et d'un plan est nécessairement un point.

2ᵉ PRINCIPE. — La perspective d'un point monte à mesure que le point s'éloigne du tableau (Fig. 12.)

3ᵉ PRINCIPE. — Tout point dans le tableau est lui-même sa perspective.

4ᵉ PRINCIPE. — La perspective d'un point à l'infini serait sur l'horizon.

Ces trois vérités sont évidentes.

5e PRINCIPE. — La perspective d'une droite est une droite (Fig. 13.)

Les rayons visuels menés par l'œil et par la droite forment un plan qui ne peut couper le tableau, supposé lui-même plan, que suivant une droite.

6e PRINCIPE. — La perspective d'une verticale est une verticale (Fig. 14.)

Le plan des rayons visuels passant par la droite ainsi que le tableau sont perpendiculaires au plan de l'horizon, donc l'intersection des deux premiers plans est perpendiculaire au troisième et par conséquent verticale.

7e PRINCIPE. — Si cette verticale est divisée en parties égales sa perspective sera divisée en un même nombre de parties aussi égales (Fig. 15.)

En effet, la verticale et sa perspective étant parallèles sont coupées en parties proportionnelles par les concourantes qui se réunissent au point de vue.

8e PRINCIPE. — La perspective d'une droite horizontale parallèle au tableau est un parallèle à l'horizon (Fig. 16.)

Si par la droite on conçoit un plan parallèle au tableau, cette droite et sa perspective pourront être considérées comme les intersections de deux plans parallèles par un troisième.

9e PRINCIPE. — Si cette horizontale est divisée en parties égales, sa perspective sera divisée en un même nombre de parties aussi égales. (Fig. 17.)

Cette droite et sa perspective étant parallèles, sont coupées en parties proportionnelles par les droites qui partent de l'œil.

10ᵉ PRINCIPE. — Les perspectives de plusieurs droites parallèles concourent en un même point du tableau (Fig. 18.)

Par l'œil concevons une parallèle aux droites données : le plan qui passerait par cette parallèle et par l'une des droites peut tourner autour de a c comme charnière, et s'appuyer successivement contre toutes les droites ; or dans ce mouvement le point c, où la charnière perce le tableau, ne varie pas ; donc toutes les perspectives passeront par ce point.

11ᵉ PRINCIPE. — Par conséquent : le point de concours de toutes les perspectives des droites horizontales est sur l'horizon (Fig. 19),

12ᵉ PRINCIPE. — Et le point central est le point où tendent toutes les perspectives des droites perpendiculaires au tableau (Fig. 20.)

13ᵉ PRINCIPE. — Dans le cas de droites parallèles obliques à la fois à l'horizon et au tableau, si, en s'élevant, elles s'éloignent du tableau, le point de concours de leurs perspectives est au-dessus de l'horizon : si elles s'en rapprochent, le point de concours est au-dessous de l'horizon (Fig. 21 et 22.)

Cette position des points de concours résulte de ce que nous avons dit (10ᵉ principe). Seulement on peut ajouter que le point de concours des droites obliques appartient à la verticale qui passe par le point de concours des projections horizontales de ces droites et que de plus si, après avoir amené le méridien à se confondre avec le tableau, on trace par la nouvelle position de l'œil une droite inclinée sur l'horizon du tableau, comme les droites elles-mêmes le sont sur le plan de l'horizon, cette droite inclinée rencontrera la verticale dont il vient d'être question au point de concours cherché :

un peu de réflexion et l'examen des figures 21 et 22 suffiront pour faire arriver à la démonstration de ces deux propriétés particulières.

14ᵉ PRINCIPE. — Une figure plane quelconque parallèle au tableau a pour perspective une figure semblable : ainsi la perspective d'un carré est un carré, la perspective d'un cercle est un cercle ; il n'y a aucune déformation ; seulement les figures sont réduites (Fig. 22.)

Dans cette position particulière des surfaces à mettre en perspective, la pyramide dont l'œil est le sommet se trouve coupée par des plans parallèles et les sections sont nécessairement semblables.

15ᵉ PRINCIPE. — Les milieux perspectifs de deux droites tracées sur le tableau et limitées à deux concourantes quelconques sont situés sur une troisième concourante.

En effet, lorsque des droites quelconques ac, mn, rs, (Fig. 36) sont inscrites entre des parallèles ab, cd, une troisième parallèle fg qui passe par le milieu de l'une de ces droites, passera également par le milieu des autres et lorsque ce système de droites sera mis en perspective, f'g', perspective de fg, contiendra encore le milieu de ac, de mn et de rs ; mais ce milieu est aussi sur les perspectives a'c', m'n', r's', donc il est aux points f', o' et p' ; toute la question se trouve ramenée à déterminer sur le tableau et *à priori* le milieu de l'une des droites à partager : on y parvient très simplement en traçant un parallèle à l'horizon, dont la division est connue puisque les parties sont égales. (9ᵐᵉ principe.)

Cette solution est indépendante de l'inclinaison des droites : leur point de concours peut donc être un point quelconque de l'horizon du tableau. On prouverait également que l'horizontale divisée en 3,4.... parties égales donnerait, sur les obliques, un même nombre de parties perspectivement égales entr'elles.

Les suppositions que l'on pourrait faire dans les valeurs qui fixent la position des perspectives, conduiraient également à la démonstration des principes précédents :

    Soit pp' une droite :

En appelant q , q'.... le quotient des tables on aurait,

Pour l'extrémité p de la droite. . . . . $\begin{array}{l} q \times h \\ q \times m \end{array}$

Et pour l'autre extrémité p'. . . . . $\begin{array}{l} q' \times h' \\ q' \times m' \end{array}$

Si dans ces valeurs on suppose q = q', les extrémités de la droite sont à même distance du tableau ;

    Si de plus h = h', la droite est horizontale.

      On a alors q $\times$ h = q' $\times$ h' :

Donc les extrémités sur le tableau sont également abaissées au-dessous de l'horizon , donc la perspective est parallèle à cette droite.

En supposant dans ces mêmes valeurs q = q' et m = m' la droite est verticale, il en est de même de sa perspective puisque l'équation q $\times$ m = q' $\times$ m', indique sur le tableau une parallèle au méridien.

Les autres principes se démontreraient de la même manière et avec la même facilité.

(NOTE a). Les expressions cb $= \dfrac{H'D}{D+T}$, cb' $= \dfrac{H'D}{D+T'}$, cb'' $= \dfrac{H'D}{D+T''}$

    donnent (D+T) cb $=$ H'D

         (D+T') cb' $=$ H'D

         (D+T'') cb'' $=$ H'D

    . . . .

    . . . .

De ces égalités on peut conclure (Fig. 37) que les extrémités P, P', P'', des ordonnées pP, p'P', p''P'' égales à Cb, Cb', Cb'' appartiennent à une courbe du second degré, à une hyperbole qui aurait V'z et V'y pour asymptotes, puisque l'aire des rectangles formés avec les perpendiculaires D+T, D+T', D+T'' et Cb, Cb', Cb'', abaissées des points P,P',P'' sur les asymptotes V'z,V'y, est constant; d'ailleurs les points comme P^1, P^2, qui résultent d'autres points situés entre l'œil et le tableau appartiennent encore à la même courbe; en effet les triangles semblables V'Cb^1, V'tp^1, donnent :

$$V't : V'C :: tp^1 : Cb^1 , \text{ d'où } Cb^1 = \frac{V'C \times tp^1}{V't} = \frac{DH'}{D - T} : \text{ le signe}$$

de T est devenu négatif, mais le numérateur DH' est resté invariable.

On peut conclure de là que la loi qui lie les perspectives des points d'un même plan horizontal est telle que les constructions restent les mêmes, soit que par la position des points en avant du tableau ou derrière ce plan, il y ait projection ou intersection.

Si le point p continuant à se mouvoir sur la ligne aa', dépassait la droite V'y, les droites comme p' b', qui ne sont autre chose que les prolongements de rayons visuels dirigés dans le sens opposé, donneraient lieu, par leur rencontre avec le tableau, à d'autres points P' qui appartiennent à la seconde branche de l'hyperbole : cette branche n'a pas de rapport direct avec la perspective et ne conduirait qu'à une discussion purement mathématique, à laquelle nous ne nous arrêterons pas.

(Note b.) Les tables et le réducteur permettent encore de résoudre le problème inverse : la perspective d'un point étant donnée, fixer le point dans l'espace.

La question ne peut être posée d'une manière aussi générale; car, si l'on conçoit par l'œil et par le point donné, une droite, tous les points de cette droite, quels qu'ils soient, en avant du tableau ou derrière ce plan, auront évidemment la même perspective : il faut donc une autre donnée. Dans les applications au dessin, c'est la distance du point à l'horizon qui est connue et c'est l'éloignement du point que l'on cherche. Ainsi, après avoir marqué en p (fig. 41) l'image d'un objet qui, dans l'espace repose sur un plan à une distance m de l'horizon, on veut savoir de combien cet objet est éloigné du tableau....

D'abord, m est porté sur la règle c (Fig. 42), et la règle d amenée à passer par l'extrêmité de m ; puis on fait glisser la règle b jusqu'à ce que la partie de cette règle, comprise entre les règles a et d, soit égale à la distance po de la perspective à l'horizon ; il ne reste plus qu'à lire sur la règle a, la division qui correspond à la règle b, et à chercher dans la seconde colonne des tables le nombre indiqué par cette division : en regard, dans la première colonne, on trouvera l'éloignement cherché, seulement il faut se rappeler que les distances sont exprimées en fonction de la distance de l'œil au tableau, et que le quart de cette distance doit toujours être pris pour unité.

———

PERSPECTIVE SUR DES TABLEAUX COURBES.

Dans ce qui précède, le tableau a toujours été supposé plan : quelquefois on emploie des tableaux cylindriques pour des panoramas, et des tableaux sphériques pour des coupoles. Nous allons indiquer sommairement les constructions qui conviennent à ces deux espèces de tableaux :

Tableaux cylindriques. — Les tables et le réducteur serviront encore dans le cas d'un tableau cylindrique pour déterminer l'abaissement de la perspective au-dessous de l'horizon. En effet : soit (Fig. 38) a b c le plan d'un tableau : V la projection de l'œil au centre de l'arc a b c, et p un point extérieur à mettre en perspective.

Réunissons Vp, et par le point d'intersection b imaginons un tableau plan et vertical xy, perpendiculaire à V p : les deux tableaux se toucheront dans toute la longueur de la génératrice projetée au point b. Or le rayon visuel contenu dans le plan vertical Vp ne peut rencontrer cette génératrice qu'en un seul point, donc la perspective sera la même pour le tableau plan et pour le tableau courbe : donc il suffira d'opérer comme s'il s'agissait du tableau plan, seulement l'éloignement pb, p'b', des points p, p', se mesurera sur les rayons Vp, Vp'...

Lorsque le tableau est cylindrique il n'y a pas de méridien, ou plutôt il y en a autant que de points ; la distance bb' des deux verticales qui contiennent les perspectives des points p et p' sera reportée en prenant sur le tableau, s'il est courbe, un arc égal à l'arc bb' ; ou, si le tableau est développé, en portant une longueur égale à l'arc bb' rectifié.

On voit donc que dans ce cas encore la perspective d'un point est donnée par l'intersection de deux lignes : l'une obtenue par le réducteur et les tables, et l'autre résultant de la position même du point.

De la perspective du point on arriverait à celle d'une droite, d'une courbe, d'un contour quelconque, et il serait facile de conclure, de ce qui précède, des propriétés analogues à celles que nous avons énoncées dans la première partie.

Tableaux sphériques. — Soit : (Fig. 39) cmdn, c'm'd', les projections du tableau ; V et V' celles de l'œil ; et p,p' celles d'un point appartenant au plan principal xy. (1)

En joignant V'p', l'intersection p'' de cette droite avec le tableau donne p''o pour la hauteur de la perspective cherchée, au-dessus du plan c'd' ; on sait d'ailleurs que cette perspective doit se trouver sur le quart de méridien projeté en cV, on a donc tout ce qui est nécessaire pour construire, sur la surface sphérique, la perspective du point P.

____

(1) Nous appellerons plan principal le plan vertical suivant lequel la seconde projection c' m' d' a été faite.

Lorsque le point n'appartient pas à la section principale, il est facile de l'y ramener. Soient p et p' (Fig. 40) les projections d'un point quelconque. Faisons tourner le plan vertical Vp jusqu'à ce qu'il se confonde avec le plan principal : dans ce mouvement le point p décrit l'arc horizontal pr qui se projette verticalement suivant p'r' : r et r' sont donc les projections du point P ramené dans le plan principal ; en joignant r' à l'œil, le rayon V'r' donnera sur le tableau le point p" pour la hauteur, non seulement de la perspective de la nouvelle position du point P, mais encore de celle du point lui-même et de tous les autres points à égale distance du tableau et du plan c'd' : cela est évident puisque tous ces points formeraient un cercle horizontal ayant son centre sur la verticale V'x, et que l'intersection, avec le tableau, du cône qui a l'œil pour sommet et pour base ce cercle, serait évidemment un cercle aussi horizontal.

Les angles comme rVp serviraient à tracer sur la surface sphérique la seconde courbe, qui contient et détermine la perspective cherchée.

Le point P ayant été pris arbitrairement dans l'espace, en répétant la construction précédente, on pourra déterminer la perspective d'une droite ou d'une figure quelconque, et découvrir les propriétés particulières qui amèneraient quelques simplifications dans les tracés,

TABLES PERSPECTIVES.

Usage des Tables.

La première colonne des Tables renferme les distances qui séparent les points à mettre en perspective, du tableau : le quart de la distance de l'œil au tableau a été pris pour unité.

La deuxième colonne contient les nombres abstraits par lesquels il faut multiplier la distance (mesurée à une échelle quelconque) du point à l'horizon, et du point au méridien : les produits obtenus expriment la longueur des perpendiculaires mp et np (Fig. 3), qui donnent par leur intersection le point cherché.

1.er EXEMPLE. — Soit 4 mètres la distance de l'œil au tableau. (1 mètre est l'échelle qui servira à apprécier l'éloignement des points du tableau).

Et supposons le point à 5 mètres du tableau;

à 2 mètres du méridien ;

à 3 mètres de l'horizon.

Dans les Tables en regard de 5 unités est le nombre 0,4444;

0,4444 multipliés par 2$^{m·}$ donnent 0^m,8888 ..... pour np :

0,4444 multipliés par 3$^{m·}$ donnent 1^m,3332 ..... pour ap.

En traçant donc sur le tableau à 888 millimètres 1/2 un peu fort du point central. et perpendiculairement à l'horizon, une droite de 1 mètre 333 millimètres, l'extrémité de cette perpendiculaire sera la perspective cherchée. Suivant la position du point dans l'espace, on portera ces deux longueurs à droite ou à gauche du méridien, au-dessus ou au-dessous de l'horizon.

2.e EXEMPLE. — Prenons pour la distance de l'œil au tableau 2^m,40 ; alors, l'unité est égale à 6 décimètres ;

Et soit un point à 1^m,8 du tableau ;

à 0^m,4 du méridien ;

à 0^m,08 de l'horizon.

1^m,8 ou 18 décimètres représentent 3, à l'échelle de 6 décimètres pour 1.

En regard de 3, dans les Tables, est le nombre 0,5714;

0,5714 multipliés par 4 décimètres donnent 0^m,22856 ;

0,5714 multipliés par 8 centimètres donnent 0^m,045712.

mp sera donc égal à 228 millimètres et 1/2, et op à 45 millimètres et 1/2.

Nous avons vu que le Réducteur effectue avec une grande facilité ces opérations moins simples que celles qui précèdent, lorsque les distances ont tout à la fois des unités et des décimales.

0,001 — 0,9997	0,051 — 0,9874	0,101 — 0,9753	0,151 — 0,9636
0,002 — 0,9995	0,052 — 0,9871	0,102 — 0,9751	0,152 — 0,9634
0,003 — 0,9992	0,053 — 0,9869	0,103 — 0,9748	0,153 — 0,9631
0,004 — 0,9990	0,054 — 0,9866	0,104 — 0,9746	0,154 — 0,9629
0,005 — 0,9987	0,055 — 0,9864	0,105 — 0,9744	0,155 — 0,9626
0,006 — 0,9985	0,056 — 0,9861	0,106 — 0,9742	0,156 — 0,9624
0,007 — 0,9982	0,057 — 0,9859	0,107 — 0,9739	0,157 — 0,9622
0,008 — 0,9980	0,058 — 0,9856	0,108 — 0,9737	0,158 — 0,9620
0,009 — 0,9977	0,059 — 0,9854	0,109 — 0,9735	0,159 — 0,9617
0,010 — 0,9975	0,060 — 0,9852	0,110 — 0,9732	0,160 — 0,9615
0,011 — 0,9972	0,061 — 0,9849	0,111 — 0,9730	0,161 — 0,9613
0,012 — 0,9970	0,062 — 0,9847	0,112 — 0,9727	0,162 — 0,9610
0,013 — 0,9967	0,063 — 0,9844	0,113 — 0,9725	0,163 — 0,9608
0,014 — 0,9965	0,064 — 0,9842	0,114 — 0,9723	0,164 — 0,9606
0,015 — 0,9962	0,065 — 0,9840	0,115 — 0,9720	0,165 — 0,9603
0,016 — 0,9960	0,066 — 0,9837	0,116 — 0,9718	0,166 — 0,9601
0,017 — 0,9957	0,067 — 0,9835	0,117 — 0,9715	0,167 — 0,9599
0,018 — 0,9955	0,068 — 0,9832	0,118 — 0,9713	0,168 — 0,9596
0,019 — 0,9952	0,069 — 0,9830	0,119 — 0,9711	0,169 — 0,9594
0,020 — 0,9950	0,070 — 0,9828	0,120 — 0,9709	0,170 — 0,9592
0,021 — 0,9947	0,071 — 0,9825	0,121 — 0,9706	0,171 — 0,9590
0,022 — 0,9945	0,072 — 0,9823	0,122 — 0,9704	0,172 — 0,9587
0,023 — 0,9942	0,073 — 0,9821	0,123 — 0,9701	0,173 — 0,9585
0,024 — 0,9940	0,074 — 0,9818	0,124 — 0,9699	0,174 — 0,9583
0,025 — 0,9937	0,075 — 0,9815	0,125 — 0,9696	0,175 — 0,9580
0,026 — 0,9935	0,076 — 0,9813	0,126 — 0,9694	0,176 — 0,9578
0,027 — 0,9932	0,077 — 0,9811	0,127 — 0,9692	0,177 — 0,9576
0,028 — 0,9930	0,078 — 0,9808	0,128 — 0,9689	0,178 — 0,9573
0,029 — 0,9927	0,079 — 0,9806	0,129 — 0,9687	0,179 — 0,9571
0,030 — 0,9925	0,080 — 0,9803	0,130 — 0,9685	0,180 — 0,9569
0,031 — 0,9923	0,081 — 0,9801	0,131 — 0,9682	0,181 — 0,9567
0,032 — 0,9920	0,082 — 0,9799	0,132 — 0,9680	0,182 — 0,9565
0,033 — 0,9918	0,083 — 0,9796	0,133 — 0,9678	0,183 — 0,9563
0,034 — 0,9915	0,084 — 0,9794	0,134 — 0,9675	0,184 — 0,9560
0,035 — 0,9913	0,085 — 0,9792	0,135 — 0,9673	0,185 — 0,9558
0,036 — 0,9910	0,086 — 0,9789	0,136 — 0,9671	0,186 — 0,9556
0,037 — 0,9908	0,087 — 0,9787	0,137 — 0,9669	0,187 — 0,9553
0,038 — 0,9905	0,088 — 0,9784	0,138 — 0,9666	0,188 — 0,9551
0,039 — 0,9903	0,089 — 0,9782	0,139 — 0,9664	0,189 — 0,9549
0,040 — 0,9900	0,090 — 0,9779	0,140 — 0,9661	0,190 — 0,9547
0,041 — 0,9898	0,091 — 0,9777	0,141 — 0,9659	0,191 — 0,9544
0,042 — 0,9896	0,092 — 0,9775	0,142 — 0,9657	0,192 — 0,9542
0,043 — 0,9893	0,093 — 0,9772	0,143 — 0,9655	0,193 — 0,9540
0,044 — 0,9891	0,094 — 0,9770	0,144 — 0,9652	0,194 — 0,9537
0,045 — 0,9888	0,095 — 0,9767	0,145 — 0,9650	0,195 — 0,9535
0,046 — 0,9886	0,096 — 0,9765	0,146 — 0,9648	0,196 — 0,9533
0,047 — 0,9883	0,097 — 0,9763	0,147 — 0,9646	0,197 — 0,9531
0,048 — 0,9881	0,098 — 0,9761	0,148 — 0,9643	0,198 — 0,9528
0,049 — 0,9879	0,099 — 0,9758	0,149 — 0,9641	0,199 — 0,9526
0,050 — 0,9876	0,100 — 0,9756	0,150 — 0,9638	0,200 — 0,9524

0,201 — 0,9521	0,251 — 0,9409	0,301 — 0,9300	0,351 — 0,9193
0,202 — 0,9519	0,252 — 0,9407	0,302 — 0,9298	0,352 — 0,9191
0,203 — 0,9517	0,253 — 0,9405	0,303 — 0,9295	0,353 — 0,9189
0,204 — 0,9514	0,254 — 0,9402	0,304 — 0,9293	0,354 — 0,9186
0,205 — 0,9512	0,255 — 0,9400	0,305 — 0,9291	0,355 — 0,9184
0,206 — 0,9510	0,256 — 0,9398	0,306 — 0,9289	0,356 — 0,9182
0,207 — 0,9507	0,257 — 0,9396	0,307 — 0,9287	0,357 — 0,9180
0,208 — 0,9505	0,258 — 0,9394	0,308 — 0,9285	0,358 — 0,9178
0,209 — 0,9503	0,259 — 0,9391	0,309 — 0,9282	0,359 — 0,9176
0,210 — 0,9501	0,260 — 0,9389	0,310 — 0,9280	0,360 — 0,9174
0,211 — 0,9498	0,261 — 0,9387	0,311 — 0,9278	0,361 — 0,9172
0,212 — 0,9496	0,262 — 0,9385	0,312 — 0,9276	0,362 — 0,9170
0,213 — 0,9494	0,263 — 0,9383	0,313 — 0,9274	0,363 — 0,9168
0,214 — 0,9492	0,264 — 0,9380	0,314 — 0,9272	0,364 — 0,9165
0,215 — 0,9489	0,265 — 0,9378	0,315 — 0,9270	0,365 — 0,9163
0,216 — 0,9487	0,266 — 0,9376	0,316 — 0,9268	0,366 — 0,9161
0,217 — 0,9485	0,267 — 0,9374	0,317 — 0,9265	0,367 — 0,9159
0,218 — 0,9483	0,268 — 0,9372	0,318 — 0,9263	0,368 — 0,9157
0,219 — 0,9480	0,269 — 0,9369	0,319 — 0,9261	0,369 — 0,9155
0,220 — 0,9478	0,270 — 0,9667	0,320 — 0,9259	0,370 — 0,9153
0,221 — 0,9476	0,271 — 0,9365	0,321 — 0,9257	0,371 — 0,9151
0,222 — 0,9474	0,272 — 0,9363	0,322 — 0,9254	0,372 — 0,9149
0,223 — 0,9471	0,273 — 0,9361	0,323 — 0,9252	0,373 — 0,9147
0,224 — 0,9469	0,274 — 0,9358	0,324 — 0,9250	0,374 — 0,9144
0,225 — 0,9467	0,275 — 0 9356	0,325 — 0,9248	0,375 — 0,9142
0,226 — 0,9465	0,276 — 0,9354	0,326 — 0,9246	0,376 — 0,9140
0,227 — 0,9462	0,277 — 0,9352	0,327 — 0,9244	0,377 — 0,9138
0,228 — 0,9460	0,278 — 0,9350	0,328 — 0,9242	0,378 — 0,9136
0,229 — 0,9458	0,279 — 0,9347	0,329 — 0,9240	0,379 — 0,9134
0,230 — 0,9456	0,280 — 0,9345	0,330 — 0,9237	0,380 — 0,9132
0,231 — 0,9454	0,281 — 0,9343	0,331 — 0,9235	0,381 — 0,9130
0,232 — 0,9451	0,282 — 0,9341	0,332 — 0,9233	0,382 — 0,9128
0,233 — 0,9449	0,283 — 0,9339	0,333 — 0,9231	0,383 — 0,9126
0,234 — 0,9447	0,284 — 0,9337	0,334 — 0,9229	0,384 — 0,9124
0,235 — 0,9445	0,285 — 0,9334	0,335 — 0,9227	0,385 — 0,9122
0,236 — 0,9442	0,286 — 0,9332	0,336 — 0,9225	0,386 — 0,9119
0,237 — 0,9440	0,287 — 0,9330	0,337 — 0,9222	0,387 — 0,9117
0,238 — 0,9438	0,288 — 0,9328	0,338 — 0,9220	0,388 — 0,9115
0,239 — 0,9436	0,289 — 0,9326	0,339 — 0,9218	0,389 — 0,9113
0,240 — 0,9433	0,290 — 0,9324	0,340 — 0,9216	0,390 — 0,9111
0,241 — 0,9430	0,291 — 0,9321	0,341 — 0,9214	0,391 — 0,9109
0,242 — 0,9428	0,292 — 0,9319	0,342 — 0,9212	0,392 — 0,9107
0,243 — 0,9426	0,293 — 0,9317	0,343 — 0,9210	0,393 — 0,9105
0,244 — 0,9424	0,294 — 0,9315	0,344 — 0,9208	0,394 — 0,9103
0,245 — 0,9422	0,295 — 0,9313	0,345 — 0,9205	0,395 — 0,9101
0,246 — 0,9420	0,296 — 0,9310	0,346 — 0,9203	0,396 — 0,9099
0,247 — 0,9418	0,297 — 0,9308	0,347 — 0,9201	0,397 — 0,9097
0,248 — 0,9416	0,298 — 0,9306	0,348 — 0,9199	0,398 — 0,9095
0,249 — 0,9413	0,299 — 0,9304	0,349 — 0,9197	0,399 — 0,9092
0,250 — 0,9411	0,300 — 0,9302	0,350 — 0,9195	0,400 — 0,9090

0,401	— 0,9088	0,451	— 0,8986	0,502	— 0,8884	0,602	— 0,8691
0,402	— 0,9086	0,452	— 0,8984	0,504	— 0,8880	0,604	— 0,8688
0,403	— 0,9084	0,453	— 0,8982	0,506	— 0,8877	0,606	— 0,8684
0,404	— 0,9082	0,454	— 0,8980	0,508	— 0,8873	0,608	— 0,8680
0,405	— 0,9080	0,455	— 0,8979	0,510	— 0,8869	0,610	— 0,8676
0,406	— 0,9078	0,456	— 0,8976	0,512	— 0,8865	0,612	— 0,8673
0,407	— 0,9076	0,457	— 0,8974	0,514	— 0,8861	0,614	— 0,8669
0,408	— 0,9074	0,458	— 0,8972	0,516	— 0,8857	0,616	— 0,8665
0,409	— 0,9072	0,459	— 0,8970	0,518	— 0,8853	0,618	— 0,8661
0,410	— 0,9070	0,460	— 0,8968	0,520	— 0,8849	0,620	— 0,8658
0,411	— 0,9068	0,461	— 0,8966	0,522	— 0,8845	0,622	— 0,8654
0,412	— 0,9066	0,462	— 0,8964	0,524	— 0,8841	0,624	— 0,8650
0,413	— 0,9064	0,463	— 0,8962	0,526	— 0,8838	0,626	— 0,8646
0,414	— 0,9062	0,464	— 0,8960	0,528	— 0,8834	0,628	— 0,8643
0,415	— 0,9060	0,465	— 0,8958	0,530	— 0,8830	0,630	— 0,8639
0,416	— 0,9057	0,466	— 0,8956	0,532	— 0,8826	0,632	— 0,8635
0,417	— 0,9055	0,467	— 0,8954	0,534	— 0,3822	0,634	— 0,8631
0,418	— 0,9053	0,468	— 0,8952	0,536	— 0,8818	0,636	— 0,8628
0,419	— 0,9051	0,469	— 0,8950	0,538	— 0,8814	0,638	— 0,8624
0,420	— 0,9049	0,470	— 0,8948	0,540	— 0,8810	0,640	— 0,8620
0,421	— 0,9047	0,471	— 0,8946	0,542	— 0,8806	0,642	— 0,8616
0,422	— 0,9045	0,472	— 0,8944	0,544	— 0,8802	0,644	— 0,8613
0,423	— 0,9043	0,473	— 0,8942	0,546	— 0,8799	0,646	— 0,8609
0,424	— 0,9041	0,474	— 0,8940	0,548	— 0,8795	0,648	— 0,8605
0,425	— 0,9039	0,475	— 0,8938	0,550	— 0,8791	0,650	— 0,8602
0,426	— 0,9037	0,476	— 0,8936	0,552	— 0,8787	0,652	— 0,8598
0,427	— 0,9035	0,477	— 0,8934	0,554	— 0,8783	0,654	— 0,8594
0,428	— 0,9033	0,478	— 0,8932	0,556	— 0,8780	0,656	— 0,8591
0,429	— 0,9031	0,479	— 0,8930	0,558	— 0,8776	0,658	— 0,8587
0,430	— 0,9029	0,480	— 0,8928	0,560	— 0,8772	0,660	— 0,8583
0,431	— 0,9027	0,481	— 0,8926	0,562	— 0,8768	0,662	— 0,8580
0,432	— 0,9025	0,482	— 0,8924	0,564	— 0,8764	0,664	— 0,8575
0,433	— 0,9023	0,483	— 0,8922	0,566	— 0,8760	0,666	— 0,8572
0,434	— 0,9021	0,484	— 0,8920	0,568	— 0,8756	0,668	— 0,8568
0,435	— 0,9019	0,485	— 0,8918	0,570	— 0,8753	0,670	— 0,8565
0,436	— 0,9017	0,486	— 0,8916	0,572	— 0,8749	0,672	— 0,8561
0,437	— 0,9015	0,487	— 0,8914	0,574	— 0,8745	0,674	— 0,8557
0,438	— 0,9013	0,488	— 0,8912	0,576	— 0,8741	0,676	— 0,8554
0,439	— 0,9011	0,489	— 0,8910	0,578	— 0,8737	0,678	— 0,8550
0,440	— 0,9009	0,490	— 0,8908	0,580	— 0,8734	0,680	— 0,8547
0,441	— 0,9006	0,491	— 0,8906	0,582	— 0,8730	0,682	— 0,8543
0,442	— 0,9004	0,492	— 0,8904	0,584	— 0,8726	0,684	— 0,8539
0,443	— 0,9002	0,493	— 0,8902	0,586	— 0,8722	0,686	— 0,8536
0,444	— 0,9000	0,494	— 0,8900	0,588	— 0,8718	0,688	— 0,8532
0,445	— 0,8998	0,495	— 0,8898	0590	— 0,8715	0,690	— 0,8528
0,446	— 0,8996	0,496	— 0,8896	0,592	— 0,8711	0,692	— 0,8525
0,447	— 0,8994	0,497	— 0,8894	0,594	— 0,8707	0,694	— 0,8521
0,448	— 0,8992	0,498	— 0,8892	0,596	— 0,8703	0,696	— 0,8517
0,449	— 0,8990	0,499	— 0,8890	0,598	— 0,8699	0,698	— 0,8514
0,450	— 0,8988	0,500	— 0,8888	0,600	— 0,8695	0,700	— 0,8510

0,702 — 0,8507	0,802 — 0,8329	0,902 — 0,8159	1,005 — 0,7992
0,704 — 0,8503	0,804 — 0,8326	0,904 — 0,8156	1,010 — 0,7984
0,706 — 0,8499	0,806 — 0,8322	0,906 — 0,8153	1,015 — 0,7976
0,708 — 0,8496	0,808 — 0,8319	0,908 — 0,8149	1,020 — 0,7968
0,710 — 0,8492	0,810 — 0,8316	0,910 — 0,8146	1,025 — 0,7960
0,712 — 0,8488	0,812 — 0,8312	0,912 — 0,8143	1,030 — 0,7952
0,714 — 0,8485	0,814 — 0,8309	0,914 — 0,8140	1,035 — 0,7944
0,716 — 0,8481	0,816 — 0,8305	0,916 — 0,8136	1,040 — 0,7936
0,718 — 0,8478	0,818 — 0,8302	0,918 — 0,8133	1,045 — 0,7929
0,720 — 0,8474	0,820 — 0,8298	0,920 — 0,8130	1,050 — 0,7921
0,722 — 0,8470	0,822 — 0,8295	0,922 — 0,8126	1,055 — 0,7913
0,724 — 0,8467	0,824 — 0,8291	0,924 — 0,8123	1,060 — 0,7905
0,726 — 0,8463	0,826 — 0,8288	0,926 — 0,8120	1,065 — 0,7897
0,728 — 0,8460	0,828 — 0,8285	0,928 — 0,8116	1,070 — 0,7889
0,730 — 0,8456	0,830 — 0,8281	0,930 — 0,8113	1,075 — 0,7882
0,732 — 0,8453	0,832 — 0,8278	0,932 — 0,8110	1,080 — 0,7874
0,734 — 0,8449	0,834 — 0,8274	0,934 — 0,8107	1,085 — 0,7866
0,736 — 0,8445	0,836 — 0,8271	0,936 — 0,8103	1,090 — 0,7858
0,738 — 0,8442	0,838 — 0,8267	0,938 — 0,8100	1,095 — 0,7851
0,740 — 0,8438	0,840 — 0,8264	0,940 — 0,8097	1,100 — 0,7843
0,742 — 0,8435	0,842 — 0,8261	0,942 — 0,8093	1,105 — 0,7835
0,744 — 0,8431	0,844 — 0,8257	0,944 — 0,8090	1,110 — 0,7827
0,746 — 0,8428	0,846 — 0,8254	0,946 — 0,8087	1,115 — 0,7820
0,748 — 0,8424	0,848 — 0,8250	0,948 — 0,8084	1,120 — 0,7812
0,750 — 0,8421	0,850 — 0,8247	0,950 — 0,8080	1,125 — 0,7804
0,752 — 0,8417	0,852 — 0,8244	0,952 — 0,8077	1,130 — 0,7797
0,754 — 0,8413	0,854 — 0,8240	0,954 — 0,8074	1,135 — 0,7789
0,756 — 0,8410	0,856 — 0,8237	0,956 — 0,8071	1,140 — 0,7782
0,758 — 0,8406	0,858 — 0,8234	0,958 — 0,8067	1,145 — 0,7774
0,760 — 0,8403	0,860 — 0,8230	0,960 — 0,8064	1,150 — 0,7766
0,762 — 0,8399	0,862 — 0,8227	0,962 — 0,8061	1,155 — 0,7758
0,764 — 0,8396	0,864 — 0,8223	0,964 — 0,8058	1,160 — 0,7751
0,766 — 0,8392	0,866 — 0,8220	0,966 — 0,8054	1,165 — 0,7743
0,768 — 0,8389	0,868 — 0,8216	0,968 — 0,8051	1,170 — 0,7735
0,770 — 0,8385	0,870 — 0,8213	0,970 — 0,8048	1,175 — 0,7727
0,772 — 0,8382	0,872 — 0,8210	0,972 — 0,8045	1,180 — 0,7720
0,774 — 0,8378	0,874 — 0,8206	0,974 — 0,8041	1,185 — 0,7712
0,776 — 0,8375	0,876 — 0,8203	0,976 — 0,8038	1,190 — 0,7706
0,778 — 0,8371	0,878 — 0,8200	0,978 — 0,8035	1,195 — 0,7698
0,780 — 0,8368	0,880 — 0,8196	0,980 — 0,8032	1,200 — 0,7692
0,782 — 0,8364	0,882 — 0,8193	0,982 — 0,8028	1,205 — 0,7684
0,784 — 0,8360	0,884 — 0,8190	0,984 — 0,8025	1,210 — 0,7676
0,786 — 0,8357	0,886 — 0,8186	0,986 — 0,8022	1,215 — 0,7669
0,788 — 0,8354	0,888 — 0,8183	0 988 — 0,8019	1,220 — 0,7662
0,790 — 0,8350	0,890 — 0,8179	0,990 — 0,8016	1,225 — 0,7654
0,792 — 0,8347	0,892 — 0,8176	0,992 — 0,8012	1,230 — 0,7646
0,794 — 0,8343	0,894 — 0,8173	0,994 — 0,8009	1,235 — 0,7639
0,796 — 0,8340	0,896 — 0,8169	0,996 — 0,8006	1,240 — 0,7633
0,798 — 0,8336	0,898 — 0,8166	0,998 — 0,8003	1,245 — 0,7625
0,800 — 0,8333	0,900 — 0,8163	1,000 — 0,8000	1,250 — 0,7618

1,255 — 0,7611	1,505 — 0,7265	1,755 — 0,6950	2,005 — 0,6661
1,260 — 0,7604	1,510 — 0,7259	1,760 — 0,6944	2,010 — 0,6656
1,265 — 0,7596	1,515 — 0,7252	1,765 — 0,6938	2,015 — 0,6650
1,270 — 0,7589	1,520 — 0,7246	1,770 — 0,6932	2,020 — 0,6644
1,275 — 0,7582	1,525 — 0,7239	1,775 — 0,6926	2,025 — 0,6639
1,280 — 0,7575	1,530 — 0,7233	1,780 — 0,6920	2,030 — 0,6633
1,285 — 0,7568	1,535 — 0,7226	1,785 — 0,6914	2,035 — 0,6628
1,290 — 0,7561	1,540 — 0,7220	1,790 — 0,6908	2,040 — 0,6622
1,295 — 0,7554	1,545 — 0,7213	1,795 — 0,6902	2,045 — 0,6617
1,300 — 0,7547	1,550 — 0,7207	1,800 — 0,6897	2,050 — 0,6611
1,305 — 0,7540	1,555 — 0,7200	1,805 — 0,6890	2,055 — 0,6606
1,310 — 0,7533	1,560 — 0,7194	1,810 — 0,6884	2,060 — 0,6601
1,315 — 0,7526	1,565 — 0,7187	1,815 — 0,6878	2,065 — 0,6595
1,320 — 0,7519	1,570 — 0,7181	1,820 — 0,6872	2,070 — 0,6590
1,325 — 0,7512	1,575 — 0,7174	1,825 — 0,6866	2,075 — 0,6584
1,330 — 0,7505	1,580 — 0,7168	1,830 — 0,6861	2,080 — 0,6579
1,335 — 0,7498	1,585 — 0,7161	1,835 — 0,6855	2,085 — 0,6573
1,340 — 0,7491	1,590 — 0,7155	1,840 — 0,6849	2,090 — 0,6568
1,345 — 0,7483	1,595 — 0,7148	1,845 — 0,6843	2,095 — 0,6563
1,350 — 0,7476	1,600 — 0,7142	1,850 — 0,6837	2,100 — 0,6557
1,355 — 0,7469	1,605 — 0,7135	1,855 — 0,6831	2,105 — 0,6552
1,360 — 0,7462	1,610 — 0,7129	1,860 — 0,6825	2,110 — 0,6546
1,365 — 0,7455	1,615 — 0,7123	1,865 — 0,6819	2,115 — 0,6541
1,370 — 0,7448	1,620 — 0,7117	1,870 — 0,6814	2,120 — 0,6536
1,375 — 0,7441	1,625 — 0,7110	1,875 — 0,6808	2,125 — 0,6531
1,380 — 0,7434	1,630 — 0,7104	1,880 — 0,6802	2,130 — 0,6525
1,385 — 0,7427	1,635 — 0,7098	1,885 — 0,6796	2,135 — 0,6520
1,390 — 0,7420	1,640 — 0,7092	1,890 — 0,6790	2,140 — 0,6515
1,395 — 0,7413	1,645 — 0,7085	1,895 — 0,6784	2,145 — 0,6509
1,400 — 0,7407	1,650 — 0,7079	1,900 — 0,6779	2,150 — 0,6504
1,405 — 0,7400	1,655 — 0,7073	1,905 — 0,6773	2,155 — 0,6499
1,410 — 0,7393	1,660 — 0,7067	1,910 — 0,6767	2,160 — 0,6493
1,415 — 0,7386	1,665 — 0,7060	1,915 — 0,6761	2,165 — 0,6488
1,420 — 0,7380	1,670 — 0,7054	1,920 — 0,6756	2,170 — 0,6483
1,425 — 0,7373	1,675 — 0,7048	1,925 — 0,6750	2,175 — 0,6478
1,430 — 0,7366	1,680 — 0,7042	1,930 — 0,6744	2,180 — 0,6472
1,435 — 0,7359	1,685 — 0,7035	1,935 — 0,6738	2,185 — 0,6467
1,440 — 0,7352	1,690 — 0,7029	1,940 — 0,6733	2,190 — 0,6462
1,445 — 0,7345	1,695 — 0,7023	1,945 — 0,6727	2,195 — 0,6457
1,450 — 0,7339	1,700 — 0,7017	1,950 — 0,6722	2,200 — 0,6451
1,455 — 0,7332	1,705 — 0,7011	1,955 — 0,6716	2,205 — 0,6446
1,460 — 0,7326	1,710 — 0,7005	1,960 — 0,6711	2,210 — 0,6441
1,465 — 0,7319	1,715 — 0,6999	1,965 — 0,6705	2,215 — 0,6436
1,470 — 0,7312	1,720 — 0,6993	1,970 — 0,6699	2,220 — 0,6431
1,475 — 0,7305	1,725 — 0,6986	1,975 — 0,6693	2,225 — 0,6426
1,480 — 0,7299	1,730 — 0,6980	1,980 — 0,6688	2,230 — 0,6420
1,485 — 0,7292	1,735 — 0,6974	1,985 — 0,6682	2,235 — 0,6415
1,490 — 0,7285	1,740 — 0,6968	1,990 — 0,6677	2,240 — 0,6410
1,495 — 0,7278	1,745 — 0,6962	1,995 — 0,6671	2,245 — 0,6405
1,500 — 0,7272	1,750 — 0,6956	2,000 — 0,6666	2,250 — 0,6400

2,255 — 0,6395	2,505 — 0,6149	2,755 — 0,5921	3,005 — 0,5710
2,260 — 0,6390	2,510 — 0,6144	2,760 — 0,5917	3,010 — 0,5706
2,265 — 0,6385	2,515 — 0,6139	2,765 — 0,5913	3,015 — 0,5702
2,270 — 0,6379	2,520 — 0,6135	2,770 — 0,5909	3,020 — 0,5698
2,275 — 0,6374	2,525 — 0,6130	2,775 — 0,5904	3,025 — 0,5693
2,280 — 0,6369	2,530 — 0,6126	2,780 — 0,5900	3,030 — 0,5689
2,285 — 0,6364	2,535 — 0,6121	2,785 — 0,5895	3,035 — 0,5685
2,290 — 0,6359	2,540 — 0,6116	2,790 — 0,5891	3,040 — 0,5681
2,295 — 0,6354	2,545 — 0,6111	2,795 — 0,5886	3,045 — 0,5677
2,300 — 0,6349	2,550 — 0,6107	2,800 — 0,5882	3,050 — 0,5673
2,305 — 0,6344	2,555 — 0,6102	2,805 — 0,5878	3,055 — 0,5669
2,310 — 0,6339	2,560 — 0,6097	2,810 — 0,5874	3,060 — 0,5665
2,315 — 0,6334	2,565 — 0,6092	2,815 — 0,5869	3,065 — 0,5661
2,320 — 0,6329	2,570 — 0,6088	2,820 — 0,5865	3,070 — 0,5657
2,325 — 0,6324	2,575 — 0,6083	2,825 — 0,5861	3,075 — 0,5653
2,330 — 0,6319	2,580 — 0,6079	2,830 — 0,5857	3,080 — 0,5649
2,335 — 0,6314	2,585 — 0,6074	2,835 — 0,5852	3,085 — 0,5645
2,340 — 0,6309	2,590 — 0,6070	2,840 — 0,5848	3,090 — 0,5641
2,345 — 0,6204	2,595 — 0,6065	2,845 — 0,5843	3,095 — 0,5637
2,350 — 0,6299	2,600 — 0,6061	2,850 — 0,5839	3,100 — 0,5633
2,355 — 0,6294	2,605 — 0,6056	2,855 — 0,5835	3,105 — 0,5629
2,360 — 0,6289	2,610 — 0,6051	2,860 — 0,5831	3,110 — 0,5625
2,365 — 0,6284	2,615 — 0,6046	2,865 — 0,5826	3,115 — 0,5621
2,370 — 0,6279	2,620 — 0,6042	2,870 — 0,5822	3,120 — 0,5617
2,375 — 0,6274	2,625 — 0,6037	2,875 — 0,5818	3,125 — 0,5613
2,380 — 0,6270	2,630 — 0,6033	2,880 — 0,5814	3,130 — 0,5609
2,385 — 0,6265	2,635 — 0,6028	2,885 — 0,5810	3,135 — 0,5605
2,390 — 0,6260	2,640 — 0,6024	2,890 — 0,5806	3,140 — 0,5601
2,395 — 0,6255	2,645 — 0,6019	2,895 — 0,5801	3,145 — 0,5598
2,400 — 0,6250	2,650 — 0,6015	2,900 — 0,5797	3,150 — 0,5594
2,405 — 0,6245	2,655 — 0,6009	2,905 — 0,5793	3,155 — 0,5590
2,410 — 0,6240	2,660 — 0,6006	2,910 — 0,5789	3,160 — 0,5586
2,415 — 0,6235	2,665 — 0,6002	2,915 — 0,5784	3,165 — 0,5582
2,420 — 0,6230	2,670 — 0,5998	2,920 — 0,5780	3,170 — 0,5578
2,425 — 0,6225	2,675 — 0,5993	2,925 — 0,5776	3,175 — 0,5574
2,430 — 0,6221	2,680 — 0,5989	2,930 — 0,5772	3,180 — 0,5570
2,435 — 0,6216	2,685 — 0,5984	2,935 — 0,5768	3,185 — 0,5566
2,440 — 0,6211	2,690 — 0,5979	2,940 — 0,5764	3,190 — 0,5562
2,445 — 0,6206	2,695 — 0,5974	2,945 — 0,5760	3,195 — 0,5558
2,450 — 0,6201	2,700 — 0,5970	2,950 — 0,5756	3,200 — 0,5555
2,455 — 0,6197	2,705 — 0,5965	2,955 — 0,5751	3,205 — 0,5551
2,460 — 0,6192	2,710 — 0,5961	2,960 — 0,5747	3,210 — 0,5547
2,465 — 0,6187	2,715 — 0,5956	2,965 — 0,5743	3,215 — 0,5543
2,470 — 0,6182	2,720 — 0,5952	2,970 — 0,5739	3,220 — 0,5540
2,475 — 0,6177	2,725 — 0,5947	2,975 — 0,5735	3,225 — 0,5536
2,480 — 0,6173	2,730 — 0,5943	2,980 — 0,5731	3,230 — 0,5532
2,485 — 0,6168	2,735 — 0,5939	2,985 — 0,5726	3,235 — 0,5528
2,490 — 0,6163	2,740 — 0,5935	2,990 — 0,5722	3,240 — 0,5524
2,495 — 0,6159	2,745 — 0,5930	2,995 — 0,5718	3,245 — 0,5520
2,500 — 0,6154	2,750 — 0,5926	3,000 — 0,5714	3,250 — 0,5516

3,255 — 0,5512	3,505 — 0,5329	3,755 — 0,5157	4,01 — 0,4994
3,260 — 0,5509	3,510 — 0,5326	3,760 — 0,5153	4,02 — 0,4987
3,265 — 0,5505	3,515 — 0,5322	3,765 — 0,5150	4,03 — 0,4981
3,270 — 0,5501	3,520 — 0,5319	3,770 — 0,5147	4,04 — 0,4975
3,275 — 0,5497	3,525 — 0,5315	3,775 — 0,5144	4,05 — 0,4969
3,280 — 0,5494	3,530 — 0,5312	3,780 — 0,5141	4,06 — 0,4963
3,285 — 0,5490	3,535 — 0,5308	3,785 — 0,5137	4,07 — 0,4957
3,290 — 0,5486	3,540 — 0,5305	3,790 — 0,5134	4,08 — 0,4950
3,295 — 0,5482	3,545 — 0,5301	3,795 — 0,5131	4,09 — 0,4944
3,300 — 0,5479	3,550 — 0,5297	3,800 — 0,5128	4,10 — 0,4938
3,305 — 0,5475	3,555 — 0,5293	3,805 — 0,5124	4,11 — 0,4932
3,310 — 0,5471	3,560 — 0,5290	3,810 — 0,5121	4,12 — 0,4926
3,315 — 0,5467	3,565 — 0,5286	3,815 — 0,5118	4,13 — 0,4920
3,320 — 0,5464	3,570 — 0,5283	3,820 — 0,5113	4,14 — 0,4914
3,325 — 0,5460	3,575 — 0,5280	3,825 — 0,5111	4,15 — 0,4908
3,330 — 0,5456	3,580 — 0,5277	3,830 — 0,5108	4,16 — 0,4002
3,335 — 0,5452	3,585 — 0,5273	3,835 — 0,5105	4,17 — 0,4897
3,340 — 0,5449	3,590 — 0,5270	3,840 — 0,5001	4,18 — 0,4890
3,345 — 0,5445	3,595 — 0,5266	3,845 — 0,5098	4,19 — 0,4884
3,350 — 0,5441	3,600 — 0,5263	3,850 — 0,5095	4,20 — 0,4878
3,355 — 0,5437	3,605 — 0,5260	3,855 — 0,5092	4,21 — 0,4872
3,360 — 0,5434	3,610 — 0,5256	3,860 — 0,5089	4,22 — 0,4866
3,365 — 0,5430	3,615 — 0,5252	3,865 — 0,5085	4,23 — 0,4860
3,370 — 0,5426	3,620 — 0,5249	3,870 — 0,5082	4,24 — 0,4854
3,375 — 0,5422	3,625 — 0,5246	3,875 — 0,5079	4,25 — 0,4848
3,380 — 0,5419	3,630 — 0,5242	3,880 — 0,5076	4,26 — 0,4842
3,385 — 0,5415	3,635 — 0,5239	3,885 — 0,5072	4,27 — 0,4837
3,390 — 0,5412	3,640 — 0,5236	3,890 — 0,5069	4,28 — 0,4831
3,395 — 0,5408	3,645 — 0,5232	3,895 — 0,5066	4,29 — 0,4825
3,400 — 0,5405	3,650 — 0,5229	3,900 — 0,5063	4,30 — 0,4819
3,405 — 0,5401	3,655 — 0,5225	3,905 — 0,5059	4,31 — 0,4813
3,410 — 0,5397	3,660 — 0,5221	3,910 — 0,5056	4,32 — 0,4808
3,415 — 0,5393	3,665 — 0,5217	3,915 — 0,5053	4,33 — 0,4802
3,420 — 0,5390	2,670 — 0,5214	3,920 — 0,5050	4,34 — 0,4796
3,425 — 0,5386	3,675 — 0,5211	3,925 — 0,5046	4,35 — 0,4790
3,430 — 0,5383	3,680 — 0,5208	3,930 — 0,5043	4,36 — 0,4785
3,435 — 0,5379	3,685 — 0,5204	3,935 — 0,5040	4,37 — 0,4779
3,440 — 0,5376	3,690 — 0,5201	3,940 — 0,5037	4,38 — 0,4773
3,445 — 0,5372	3,695 — 0,5197	3,945 — 0,5034	4,39 — 0,4768
3,450 — 0,5368	3,700 — 0,5194	3,950 — 0,5031	4,40 — 0,4762
3,455 — 0,5365	3,705 — 0,5191	3,955 — 0,5028	4,41 — 0,4756
3,460 — 0,5361	3,710 — 0,5187	3,960 — 0,5205	4,42 — 0,4751
3,465 — 0,5358	3,715 — 0,5184	3,965 — 0,5021	4,43 — 0,4745
3,470 — 0,5354	3,720 — 0,5181	3,970 — 0,5018	4,44 — 0,4739
3,475 — 0,5350	3,725 — 0,5177	3,975 — 0,5015	4,45 — 0,4734
3,480 — 0,5347	3,730 — 0,5174	3,980 — 0,5012	4,46 — 0,4728
3,485 — 0,5343	3,735 — 0,5170	3,985 — 0,5009	4,47 — 0,4722
3,490 — 0,5340	3,740 — 0,5167	3,990 — 0,5006	4,48 — 0,4717
3,495 — 0,5336	3,745 — 0,5163	3,995 — 0,5003	4,49 — 0,4711
3,500 — 0,5333	3,750 — 0,5160	4,000 — 0,5000	4,50 — 0,4706

4,51	0,4700	5,01	0,4439	5,51	0,4206	6,01	0,3996
4,52	0,4695	5,02	0,4434	5,52	0,4202	6,02	0,3992
4,53	0,4689	5,03	0,4429	5,53	0,4197	6,03	0,3988
4,54	0,4684	5,04	0,4425	5,54	0,4193	6,04	0,3984
4,55	0,4678	5,05	0,4420	5,55	0,4188	6,05	0,3980
4,56	0,4673	5,06	0,4415	5,56	0,4184	6,06	0,3976
4,57	0,4667	5,07	0,4410	5,57	0,4179	6,07	0,3972
4,58	0,4662	5,08	0,4405	5,58	0,4175	6,08	0,3968
4,59	0,4656	5,09	0,4400	5,59	0,4170	6,09	0,3964
4,60	0,4631	5,10	0,4395	5,60	0,4166	6,10	0,3960
4,61	0,4646	5,11	0,4391	5,61	0,4162	6,11	0,3956
4,62	0,4640	5,12	0,4386	5,62	0,4158	6,12	0,3952
4,63	0,4635	5,13	0,4381	5,63	0,4153	6,13	0,3948
4,64	0,4629	5,14	0,4376	5,64	0,4149	6,14	0,3944
4,65	0,4624	5,15	0,4372	5,65	0,4145	6,15	0,3940
4,66	0,4619	5,16	0,4366	5,66	0,4141	6,16	0,3937
4,67	0,4614	5,17	0,4362	5,67	0,4136	6,17	0,3933
4,68	0,4608	5,18	0,4357	5,68	0,4132	6,18	0,3929
4,69	0,4603	5,19	0,4352	5,69	0,4128	6,19	0,3925
4,70	0,4598	5,20	0,4347	5,70	0,4124	6,20	0,3921
4,71	0,4592	5,21	0,4342	5,71	0,4119	6,21	0,3917
4,72	0,4587	5,22	0,4338	5,72	0,4115	6,22	0,3913
4,73	0,4582	5,23	0,4333	5,73	0,4111	6,23	0,3910
4,74	0,4577	5,24	0,4329	5,74	0,4107	6,24	0,3906
4,75	0,4571	5,25	0,4324	5,75	0,4102	6,25	0,3902
4,76	0,4566	5,26	0,4319	5,76	0,4098	6,26	0,3898
4,77	0,4561	5,27	0,4314	5,77	0,4094	6,27	0,3894
4,78	0,4556	5,28	0,4310	5,78	0,4090	6,28	0,3891
4,79	0,4551	5,29	0,4305	5,79	0,4086	6,29	0,3887
4,80	0,4545	5,30	0,4301	5,80	0,4082	6,30	0,3883
4,81	0,4540	5,31	0,4296	5,81	0,4077	6,31	0,3879
4,82	0,4535	5,32	0,4292	5,82	0,4073	6,32	0,3875
4,83	0,4530	5,33	0,4287	5,83	0,4069	6,33	0,3872
4,84	0,4525	5,34	0,4283	5,84	0,4065	6,34	0,3868
4,85	0,4520	5,35	0,4278	5,85	0,4061	6,35	0,3864
4,86	0,4515	5,36	0,4273	5,86	0,4057	6,36	0,3861
4,87	0,4510	5,37	0,4268	5,87	0,4053	6,37	0,3857
4,88	0,4504	5,38	0,4264	5,88	0,4049	6,38	0,3853
4,89	0,4499	5,39	0,4259	5,89	0,4044	6,39	0,3849
4,90	0,4494	5,40	0,4255	5,90	0,4040	6,40	0,3846
4,91	0,4489	5,41	0,4250	5,91	0,4036	6,41	0,3842
4,92	0,4484	5,42	0,4246	5,92	0,4032	6,42	0,3838
4,93	0,4479	5,43	0,4241	5,93	0,4028	6,43	0,3835
4,94	0,4474	5,44	0,4236	5,94	0,4024	6,44	0,3831
4,95	0,4469	5,45	0,4232	5,95	0,4020	6,45	0,3827
4,96	0,4464	5,46	0,4228	5,96	0,4016	6,46	0,3824
4,97	0,4459	5,47	0,4223	5,97	0,4012	6,47	0,3820
4,98	0,4454	5,48	0,4219	5,98	0,4008	6,48	0,3816
4,99	0,4449	5,49	0,4215	5,99	0,4004	6,49	0,3813
5,00	0,4444	5,50	0,4210	6,00	0,4000	6,50	0,3809

6,51 — 0,3580	7,01 — 0,3633	7,51 — 0,3475	8,02 — 0,3327
6,52 — 0,3802	7,02 — 0,3629	7,52 — 0,3472	8,04 — 0,3323
6,53 — 0,3798	7,03 — 0,3626	7,53 — 0,3469	8,06 — 0,3316
6,54 — 0,3795	7,04 — 0,3623	7,54 — 0,3466	8,08 — 0,3311
6,55 — 0,3791	7,05 — 0,3619	7,55 — 0,3463	8,10 — 0,3305
6,56 — 0,3787	7,06 — 0,3616	7,56 — 0,3460	8,12 — 0,3000
6,57 — 0,3784	7,07 — 0,3613	7,57 — 0,3457	8,14 — 0,3294
6,58 — 0,3780	7,08 — 0,3610	7,58 — 0,3454	8,16 — 0,3289
6,59 — 0,3777	7,09 — 0,3606	7,59 — 0,3451	8,18 — 0,3284
6,60 — 0,3773	7,10 — 0,3603	7,60 — 0,3448	8,20 — 0,3278
6,61 — 0,3770	7,11 — 0,3600	7,61 — 0,3445	8,22 — 0,3273
6,62 — 0,3766	7,12 — 0,3597	7,62 — 0,3442	8,24 — 0,3267
6,63 — 0,3762	7,13 — 0,3593	7,63 — 0,3439	8,26 — 0,3262
6,64 — 0,3759	7,14 — 0,3590	7,64 — 0,3436	8,28 — 0,3257
6,65 — 0,3755	7,15 — 0,3587	7,65 — 0,3433	8,30 — 0,3252
6,66 — 0,3752	7,16 — 0,3584	7,66 — 0,3430	8,32 — 0,3246
6,67 — 0,3749	7,17 — 0,3581	7,67 — 0,3427	8,34 — 0,3241
6,68 — 0,3745	7,18 — 0,3577	7,68 — 0,3424	8,36 — 0,3236
6,69 — 0,3742	7,19 — 0,3574	7,69 — 0,3421	8,38 — 0,3231
6,70 — 0,3738	7,20 — 0,3571	7,70 — 0,3418	8,40 — 0,3225
6,71 — 0,3734	7,21 — 0,3568	7,71 — 0,3415	8,42 — 0,3220
6,72 — 0,3731	7,22 — 0,3565	7,72 — 0,3412	8,44 — 0,3215
6,73 — 0,3727	7,23 — 0,3561	7,73 — 0,3410	8,46 — 0,3210
6,74 — 0,3724	7,24 — 0,3558	7,74 — 0,3407	8,48 — 0,3205
6,75 — 0,3720	7,25 — 0,3555	7,75 — 0,3404	8,50 — 0,3200
6,76 — 0,3717	7,26 — 0,3552	7,76 — 0,3401	8,52 — 0,3194
6,77 — 0,3714	7,27 — 0,3549	7,77 — 0,3398	8,54 — 0,3189
6,78 — 0,3710	7,28 — 0,3546	7,78 — 0,3395	8,56 — 0,3184
6,79 — 0,3707	7,29 — 0,3542	7,79 — 0,3392	8,58 — 0,3179
6,80 — 0,3703	7,30 — 0,3539	7,80 — 0,3389	8,60 — 0,3174
6,81 — 0,3700	7,31 — 0,3536	7,81 — 0,3386	8,62 — 0,3169
6,82 — 0,3696	7,32 — 0,3533	7,82 — 0,3384	8,64 — 0,3164
6,83 — 0,3693	7,33 — 0,3530	7,83 — 0,3381	8,66 — 0,3159
6,84 — 0,3690	7,34 — 0,3527	7,84 — 0,3378	8,68 — 0,3154
6,85 — 0,3686	7,35 — 0,3524	7,85 — 0,3375	8,70 — 0,3148
6,86 — 0,3683	7,36 — 0,3521	7,86 — 0,3372	8,72 — 0,3144
6,87 — 0,3679	7,37 — 0,3518	7,87 — 0,3369	8,74 — 0,3139
6,88 — 0,3676	7,38 — 0,3514	7,88 — 0,3367	8,76 — 0,3134
6,89 — 0,3673	7,39 — 0,3511	7,89 — 0,3364	8,78 — 0,3129
6,90 — 0,3669	7,40 — 0,3508	7,90 — 0,3361	8,80 — 0,3125
6,91 — 0,3666	7,41 — 0,3505	7,91 — 0,3358	8,82 — 0,3120
6,92 — 0,3663	7,42 — 0,3502	7,92 — 0,3355	8,84 — 0,3115
6,93 — 0,3659	7,43 — 0,3500	7,93 — 0,3352	8,86 — 0,3110
6,94 — 0,3656	7,44 — 0,3496	7,94 — 0,3350	8,88 — 0,3105
6,95 — 0,3653	7,45 — 0,3493	7,95 — 0,3347	8,90 — 0,3100
6,96 — 0,3649	7,46 — 0,3490	7,96 — 0,3344	8,92 — 0,3096
6,97 — 0,3646	7,47 — 0,3487	7,97 — 0,3341	8,94 — 0,3091
6,98 — 0,3642	7,48 — 0,3484	7,98 — 0,3338	8,96 — 0,3086
6,99 — 0,3639	7,49 — 0,3481	7,99 — 0,3336	8,98 — 0,3081
7,00 — 0,3636	7,50 — 0,3478	8,00 — 0,3333	9,00 — 0,3076

9,02 — 0,3072	10,02 — 0,2853	11,05 — 0,2657	13,55 — 0,2278
9,04 — 0,3067	10,04 — 0,2849	11,10 — 0,2648	13,60 — 0,2272
9,06 — 0,3062	10,06 — 0,2845	11,15 — 0,2640	13,65 — 0,2266
9,08 — 0,3058	10,08 — 0,2841	11,20 — 0,2631	13,70 — 0,2259
9,10 — 0,3053	10,10 — 0,2837	11,25 — 0,2623	13,75 — 0,2253
9,12 — 0,3048	10,12 — 0,2833	11,30 — 0,2614	13,80 — 0,2247
9,14 — 0,3044	10,14 — 0,2829	11,35 — 0,2606	13,85 — 0,2241
9,16 — 0,3039	10,16 — 0,2825	11,40 — 0,2597	13,90 — 0,2234
9,18 — 0,3034	10,18 — 0,2821	11,45 — 0,2589	13,95 — 0,2228
9,20 — 0,3030	10,20 — 0,2817	11,50 — 0,2581	14,00 — 0,2222
9,22 — 0,3025	10,22 — 0,2812	11,55 — 0,2572	14,05 — 0,2215
9,24 — 0,3021	10,24 — 0,2808	11,60 — 0,2564	14,10 — 0,2210
9,26 — 0,3016	10,26 — 0,2804	11,65 — 0,2556	14,15 — 0,2204
9,28 — 0,3012	10,28 — 0,2801	11,70 — 0,2548	14,20 — 0,2198
9,30 — 0,3007	10,30 — 0,2797	11,75 — 0,2539	14,25 — 0,2192
9,32 — 0,3003	10,32 — 0,2793	11,80 — 0,2532	14,30 — 0,2185
9,34 — 0,2998	10,34 — 0,2789	11,85 — 0,2524	14,35 — 0,2179
9,36 — 0,2994	10,36 — 0,2785	11,90 — 0,2515	14,40 — 0,2173
9,38 — 0,2989	10,38 — 0,2782	11,95 — 0,2507	14,45 — 0,2167
9,40 — 0,2985	10,40 — 0,2778	12,00 — 0,2500	14,50 — 0,2162
9,42 — 0,2980	10,42 — 0,2774	12,05 — 0,2492	14,55 — 0,2156
9,44 — 0,2976	10,44 — 0,2770	12,10 — 0,2484	14,60 — 0,2150
9,46 — 0,2971	10,46 — 0,2766	12,15 — 0,2476	14,65 — 0,2144
9,48 — 0,2967	10,48 — 0,2762	12,20 — 0,2469	14,70 — 0,2138
9,50 — 0,2962	10,50 — 0,2758	12,25 — 0,2462	14,75 — 0,2133
9,52 — 0,2958	10,52 — 0,2754	12,30 — 0,2454	14,80 — 0,2127
9,54 — 0,2954	10,54 — 0,2750	12,35 — 0,2446	14,85 — 0,2122
9,56 — 0,2949	10,56 — 0,2746	12,40 — 0,2439	14,90 — 0,2116
9,58 — 0,2945	10,58 — 0,2743	12,45 — 0,2432	14,95 — 0,2111
9,60 — 0,2940	10,60 — 0,2739	12,50 — 0,2424	15,00 — 0,2105
9,62 — 0,2936	10,62 — 0,2736	12,55 — 0,2417	15,05 — 0,2099
9,64 — 0,2932	10,64 — 0,2732	12,60 — 0,2409	15,10 — 0,2094
9,66 — 0,2928	10,66 — 0,2728	12,65 — 0,2402	15,15 — 0,2089
9,68 — 0,2924	10,68 — 0,2725	12,70 — 0,2395	15,20 — 0,2083
9,70 — 0,2919	10,70 — 0,2721	12,75 — 0,2388	15,25 — 0,2078
9,72 — 0,2915	10,72 — 0,2717	12,80 — 0,2381	15,30 — 0,2072
9,74 — 0,2911	10,74 — 0,2714	12,85 — 0,2374	15,35 — 0,2067
9,76 — 0,2907	10,76 — 0,2710	12,90 — 0,2367	15,40 — 0,2062
9,78 — 0,2902	10,78 — 0,2706	12,95 — 0,2360	15,45 — 0,2056
9,80 — 0,2898	10,80 — 0,2703	13,00 — 0,2353	15,50 — 0,2051
9,82 — 0,2894	10,82 — 0,2699	13,05 — 0,2346	15,55 — 0,2046
9,84 — 0,2890	10,84 — 0,2696	13,10 — 0,2339	15,60 — 0,2041
9,86 — 0,2886	10,86 — 0,2692	13,15 — 0,2332	15,65 — 0,2035
9,88 — 0,2881	10,88 — 0,2688	13,20 — 0,2325	15,70 — 0,2030
9,90 — 0,2877	10,90 — 0,2684	13,25 — 0,2318	15,75 — 0,2025
9,92 — 0,2873	10,92 — 0,2681	13,30 — 0,2312	15,80 — 0,2020
9,94 — 0,2869	10,94 — 0,2677	13,35 — 0,2305	15,85 — 0,2015
9,96 — 0,2865	10,96 — 0,2674	13,40 — 0,2298	15,90 — 0,2010
9,98 — 0,2861	10,98 — 0,2670	13,45 — 0,2292	15,95 — 0,2005
10,00 — 0,2857	11,00 — 0,2666	13,50 — 0,2285	16,00 — 0,2000

16,05	0,1995	18,55	0,1774	21,05	0,1596	23,55	0,1451
16,10	0,1990	18,60	0,1770	21,10	0,1593	23,60	0,1449
16,15	0,1985	18,65	0,1766	21,15	0,1590	23,65	0,1446
16,20	0,1980	18,70	0,1762	21,20	0,1587	23,70	0,1444
16,25	0,1975	18,75	0,1758	21,25	0,1584	23,75	0,1441
16,30	0,1970	18,80	0,1754	21,30	0,1581	23,80	0,1438
16,35	0,1965	18,85	0,1750	21,35	0,1578	23,85	0,1436
16,40	0,1961	18,90	0,1746	21,40	0,1575	23,90	0,1433
16,45	0,1956	18,95	0,1742	21,45	0,1572	23,95	0,1430
16,50	0,1951	19,00	0,1739	21,50	0,1569	24,00	0,1428
16,55	0,1946	19,05	0,1735	21,55	0,1566	24,05	0,1426
16,60	0,1941	19,10	0,1731	21,60	0,1563	24,10	0,1423
16,65	0,1937	19,15	0,1728	21,65	0,1559	24,15	0,1420
16,70	0,1932	19,20	0,1724	21,70	0,1556	24,20	0,1418
16,75	0,1927	19,25	0,1720	21,75	0,1553	24,25	0,1415
16,80	0,1923	19,30	0,1716	21,80	0,1550	24,30	0,1413
16,85	0,1918	19,35	0,1712	21,85	0,1547	24,35	0,1410
16,90	0,1914	19,40	0,1709	21,90	0,1545	24,40	0,1408
16,95	0,1909	19,45	0,1705	21,95	0,1542	24,45	0,1405
17,00	0,1905	19,50	0,1702	22,00	0,1539	24,50	0,1403
17,05	0,1900	19,55	0,1698	22,05	0,1535	24,55	0,1400
17,10	0,1896	19,60	0,1695	22,10	0,1532	24,60	0,1398
17,15	0,1891	19,65	0,1691	22,15	0,1529	24,65	0,1395
17,20	0,1887	19,70	0,1688	22,20	0,1527	24,70	0,1393
17,25	0,1882	19,75	0,1684	22,25	0,1524	24,75	0,1390
17,30	0,1878	19,80	0,1681	22,30	0,1521	24,80	0,1388
17,35	0,1873	19,85	0,1677	22,35	0,1518	24,85	0,1386
17,40	0,1869	19,90	0,1673	22,40	0,1515	24,90	0,1384
17,45	0,1864	19,95	0,1669	22,45	0,1512	24,95	0,1381
17,50	0,1860	20,00	0,1666	22,50	0,1509	25,00	0,1379
17,55	0,1855	20,05	0,1663	22,55	0,1506	25,05	0,1376
17,60	0,1851	20,10	0,1660	22,60	0,1504	25,10	0,1374
17,65	0,1847	20,15	0,1656	22,65	0,1501	25,15	0,1371
17,70	0,1843	20,20	0,1653	22,70	0,1498	25,20	0,1369
17,75	0,1839	20,25	0,1649	22,75	0,1495	25,25	0,1367
17,80	0,1835	20,30	0,1646	22,80	0,1492	25,30	0,1365
17,85	0,1830	20,35	0,1642	22,85	0,1490	25,35	0,1363
17,90	0,1826	20,40	0,1639	22,90	0,1487	25,40	0,1361
17,95	0,1822	20,45	0,1636	22,95	0,1484	25,45	0,1358
18,00	0,1818	20,50	0,1632	23,00	0,1481	25,50	0,1356
18,05	0,1814	20,55	0,1629	23,05	0,1478	25,55	0,1353
18,10	0,1810	20,60	0,1625	23,10	0,1476	25,60	0,1351
18,15	0,1806	20,65	0,1622	23,15	0,1473	25,65	0,1349
18,20	0,1802	20,70	0,1619	23,20	0,1470	25,70	0,1347
18,25	0,1798	20,75	0,1616	23,25	0,1468	25,75	0,1345
18,30	0,1794	20,80	0,1613	23,30	0,1465	25,80	0,1342
18,35	0,1790	20,85	0,1609	23,35	0,1462	25,85	0,1340
18,40	0,1786	20,90	0,1606	23,40	0,1459	25,90	0,1338
18,45	0,1782	20,95	0,1603	23,45	0,1457	25,95	0,1335
18,50	0,1778	21,00	0,1600	23,50	0,1454	26,00	0,1333

26,1 — 0,1328	31,1 — 0,1139	36,2 — 0,0995	46,2 — 0,0796
26,2 — 0,1324	31,2 — 0,1136	36,4 — 0,0990	46,4 — 0,0793
26,3 — 0,1320	31,3 — 0,1133	36,6 — 0,0985	46,6 — 0,0790
26,4 — 0,1315	31,4 — 0,1129	36,8 — 0,0980	46,8 — 0,0787
26,5 — 0,1311	31,5 — 0,1126	37,0 — 0,0976	47,0 — 0,0784
26,6 — 0,1307	31,6 — 0,1123	37,2 — 0,0971	47,2 — 0,0781
26,7 — 0,1303	31,7 — 0,1120	37,4 — 0,0966	47,4 — 0,0778
26,8 — 0,1298	31,8 — 0,1117	37,6 — 0,0961	47,6 — 0,0775
26,9 — 0,1294	31,9 — 0,1114	37,8 — 0,0956	47,8 — 0,0772
27,0 — 0,1290	32,0 — 0,1111	38,0 — 0,0952	48,0 — 0,0769
27,1 — 0,1286	32,1 — 0,1108	38,2 — 0,0947	48,2 — 0,0766
27,2 — 0,1282	32,2 — 0,1105	38,4 — 0,0943	48,4 — 0,0763
27,3 — 0,1278	32,3 — 0,1102	38,6 — 0,0939	48,6 — 0,0760
27,4 — 0,1274	32,4 — 0,1099	38,8 — 0,0934	48,8 — 0,0757
27,5 — 0,1270	32,5 — 0,1096	39,0 — 0,0930	49,0 — 0,0755
27,6 — 0,1266	32,6 — 0,1093	39,2 — 0,0925	49,2 — 0,0752
27,7 — 0,1262	32,7 — 0,1090	39,4 — 0,0921	49,4 — 0,0749
27,8 — 0,1258	32,8 — 0,1087	39,6 — 0,0917	49,6 — 0,0746
27,9 — 0,1254	32,9 — 0,1084	39,8 — 0,0913	46,8 — 0,0743
28,0 — 0,1250	33,0 — 0,1081	40,0 — 0,0909	50,0 — 0,0741
28,1 — 0,1246	33,1 — 0,1078	40,2 — 0,0905	50,2 — 0,0738
28,2 — 0,1242	33,2 — 0,1075	40,4 — 0,0901	50,4 — 0,0735
28,3 — 0,1238	33,3 — 0,1072	40,6 — 0,0897	50,6 — 0,0733
28,4 — 0,1234	33,4 — 0,1070	40,8 — 0,0893	50,8 — 0,0730
28,5 — 0,1231	33,5 — 0,1067	41,0 — 0,0889	51,0 — 0,0727
28,6 — 0,1227	33,6 — 0,1064	41,2 — 0,0885	51,2 — 0,0725
28,7 — 0,1223	33,7 — 0,1061	41,4 — 0,0881	51,4 — 0,0722
28,8 — 0,1219	33,8 — 0,1058	41,6 — 0,0887	51,6 — 0,0719
28,9 — 0,1216	33,9 — 0,1055	41,8 — 0,0873	51,8 — 0,0717
29,0 — 0,1212	34,0 — 0,1053	42,0 — 0,0869	52,0 — 0,0714
29,1 — 0,1208	34,1 — 0,1050	42,2 — 0,0865	52,2 — 0,0712
29,2 — 0,1204	34,2 — 0,1047	42,4 — 0,0862	52,4 — 0,0709
29,3 — 0,1201	34,3 — 0,1044	42,6 — 0,0858	52,6 — 0,0706
29,4 — 0,1198	34,4 — 0,1042	42,8 — 0,0854	52,8 — 0,0704
29,5 — 0,1194	34,5 — 0,1039	43,0 — 0,0851	53,0 — 0,0702
29,6 — 0,1190	34,6 — 0,1036	43,2 — 0,0847	53,2 — 0,0699
29,7 — 0,1187	34,7 — 0,1033	43,4 — 0,0843	53,4 — 0,0696
29,8 — 0,1183	34,8 — 0,1031	43,6 — 0,0840	53,6 — 0,0694
29,9 — 0,1180	34,9 — 0,1028	43,8 — 0,0836	53,8 — 0,0691
30,0 — 0,1177	35,0 — 0,1025	44,0 — 0,0833	54,0 — 0,0689
30,1 — 0,1173	35,1 — 0,1023	44,2 — 0,0829	54,2 — 0,0687
30,2 — 0,1169	35,2 — 0,1020	44,4 — 0,0826	54,4 — 0,0685
30,3 — 0,1166	35,3 — 0,1018	44,6 — 0,0823	54,6 — 0,0683
30,4 — 0,1162	35,4 — 0,1015	44,8 — 0,0819	54,8 — 0,0680
30,5 — 0,1159	35,5 — 0,1013	45,0 — 0,0816	55,0 — 0,0678
30,6 — 0,1156	35,6 — 0,1010	45,2 — 0,0812	55,2 — 0,0675
30,7 — 0,1152	35,7 — 0,1008	45,4 — 0,0809	55,4 — 0,0273
30,8 — 0,1149	35,8 — 0,1005	45,6 — 0,0806	55,6 — 0,0671
30,9 — 0,1146	35,9 — 0,1003	45,8 — 0,0803	55,8 — 0,0669
31,0 — 0,1143	36,0 — 0,1000	46,0 — 0,0800	56,0 — 0,0667

<table>
<tr><td>56,2 — 0,0664</td><td>68,5 — 0,0552</td><td>95,5 — 0,0402</td><td>145 — 0,0268</td></tr>
<tr><td>56,4 — 0,0662</td><td>69,0 — 0,0548</td><td>96,0 — 0,0400</td><td>146 — 0,0267</td></tr>
<tr><td>56,6 — 0,0660</td><td>69,5 — 0,0544</td><td>96,5 — 0,0398</td><td>147 — 0,0265</td></tr>
<tr><td>56,8 — 0,0658</td><td>70,0 — 0,0540</td><td>97,0 — 0,0396</td><td>148 — 0,0263</td></tr>
<tr><td>57,0 — 0,0656</td><td>70,5 — 0,0537</td><td>97,5 — 0,0394</td><td>149 — 0,0261</td></tr>
<tr><td>57,2 — 0,0653</td><td>71,0 — 0,0533</td><td>98,0 — 0,0392</td><td>150 — 0,0260</td></tr>
<tr><td>57,4 — 0,0651</td><td>71,5 — 0,0530</td><td>98,5 — 0,0390</td><td>151 — 0,0258</td></tr>
<tr><td>57,6 — 0,0649</td><td>72,0 — 0,0526</td><td>99,0 — 0,0388</td><td>152 — 0,0256</td></tr>
<tr><td>57,8 — 0,0647</td><td>72,5 — 0,0523</td><td>99,5 — 0,0386</td><td>153 — 0,0255</td></tr>
<tr><td>58,0 — 0,0645</td><td>73,0 — 0,0520</td><td>100,0 — 0,0384</td><td>154 — 0,0253</td></tr>
<tr><td>58,2 — 0,0643</td><td>73,5 — 0,0516</td><td>101 — 0,0381</td><td>155 — 0,0251</td></tr>
<tr><td>58,4 — 0,0641</td><td>74,0 — 0,0513</td><td>102 — 0,0377</td><td>156 — 0,0250</td></tr>
<tr><td>58,6 — 0,0639</td><td>74,5 — 0,0510</td><td>103 — 0,0374</td><td>157 — 0,0248</td></tr>
<tr><td>58,8 — 0,0637</td><td>75,0 — 0,0506</td><td>104 — 0,0370</td><td>158 — 0,0247</td></tr>
<tr><td>59,0 — 0,0635</td><td>75,5 — 0,0503</td><td>105 — 0,0367</td><td>159 — 0,0245</td></tr>
<tr><td>59,2 — 0,0633</td><td>76,0 — 0,0500</td><td>106 — 0,0363</td><td>160 — 0,0244</td></tr>
<tr><td>59,4 — 0,0631</td><td>76,5 — 0,0497</td><td>107 — 0,0360</td><td>161 — 0,0242</td></tr>
<tr><td>59,6 — 0,0629</td><td>77,0 — 0,0494</td><td>108 — 0,0357</td><td>162 — 0,0241</td></tr>
<tr><td>59,8 — 0,0627</td><td>77,5 — 0,0491</td><td>109 — 0,0354</td><td>163 — 0,0239</td></tr>
<tr><td>60,0 — 0,0625</td><td>78,0 — 0,0488</td><td>110 — 0,0351</td><td>164 — 0,0238</td></tr>
<tr><td>60,2 — 0,0623</td><td>78,5 — 0,0485</td><td>111 — 0,0348</td><td>165 — 0,0237</td></tr>
<tr><td>60,4 — 0,0621</td><td>79,0 — 0,0482</td><td>112 — 0,0345</td><td>166 — 0,0235</td></tr>
<tr><td>60,6 — 0,0619</td><td>79,5 — 0,0479</td><td>113 — 0,0342</td><td>167 — 0,0234</td></tr>
<tr><td>60,8 — 0,0617</td><td>80,0 — 0,0476</td><td>114 — 0,0339</td><td>168 — 0,0232</td></tr>
<tr><td>61,0 — 0,0615</td><td>80,5 — 0,0473</td><td>115 — 0,0336</td><td>169 — 0,0231</td></tr>
<tr><td>61,2 — 0,0613</td><td>81,0 — 0,0470</td><td>116 — 0,0333</td><td>170 — 0,0230</td></tr>
<tr><td>61,4 — 0,0611</td><td>81,5 — 0,0468</td><td>117 — 0,0330</td><td>171 — 0,0228</td></tr>
<tr><td>61,6 — 0,0610</td><td>82,0 — 0,0465</td><td>118 — 0,0328</td><td>172 — 0,0227</td></tr>
<tr><td>61,8 — 0,0608</td><td>82,5 — 0,0462</td><td>119 — 0,0325</td><td>173 — 0,0226</td></tr>
<tr><td>62,0 — 0,0606</td><td>83,0 — 0,0460</td><td>120 — 0,0323</td><td>174 — 0,0225</td></tr>
<tr><td>62,2 — 0,0604</td><td>83,5 — 0,0457</td><td>121 — 0,0320</td><td>175 — 0,0223</td></tr>
<tr><td>62,4 — 0,0602</td><td>84,0 — 0,0454</td><td>122 — 0,0317</td><td>176 — 0,0222</td></tr>
<tr><td>62,6 — 0,0601</td><td>84,5 — 0,0452</td><td>123 — 0,0315</td><td>177 — 0,0221</td></tr>
<tr><td>62,8 — 0,0599</td><td>85,0 — 0,0449</td><td>124 — 0,0313</td><td>178 — 0,0220</td></tr>
<tr><td>63,0 — 0,0597</td><td>85,5 — 0,0447</td><td>125 — 0,0310</td><td>179 — 0,0218</td></tr>
<tr><td>63,2 — 0,0595</td><td>86,0 — 0,0444</td><td>126 — 0,0308</td><td>180 — 0,0217</td></tr>
<tr><td>63,4 — 0,0593</td><td>86,5 — 0,0442</td><td>127 — 0,0305</td><td>181 — 0,0216</td></tr>
<tr><td>63,6 — 0,0591</td><td>87,0 — 0,0440</td><td>128 — 0,0303</td><td>182 — 0,0215</td></tr>
<tr><td>63,8 — 0,0590</td><td>87,5 — 0,0437</td><td>129 — 0,0301</td><td>183 — 0,0214</td></tr>
<tr><td>64,0 — 0,0588</td><td>88,0 — 0,0435</td><td>130 — 0,0299</td><td>184 — 0,0213</td></tr>
<tr><td>64,2 — 0,0586</td><td>88,5 — 0,0432</td><td>131 — 0,0296</td><td>185 — 0,0212</td></tr>
<tr><td>64,4 — 0,0585</td><td>89,0 — 0,0430</td><td>132 — 0,0294</td><td>186 — 0,0210</td></tr>
<tr><td>64,6 — 0,0583</td><td>89,5 — 0,0428</td><td>133 — 0,0292</td><td>187 — 0,0209</td></tr>
<tr><td>64,8 — 0,0581</td><td>90,0 — 0,0426</td><td>134 — 0,0290</td><td>188 — 0,0208</td></tr>
<tr><td>65,0 — 0,0580</td><td>90,5 — 0,0423</td><td>135 — 0,0288</td><td>189 — 0,0207</td></tr>
<tr><td>65,2 — 0,0578</td><td>91,0 — 0,0421</td><td>136 — 0,0286</td><td>190 — 0,0206</td></tr>
<tr><td>65,4 — 0,0576</td><td>91,5 — 0,0419</td><td>137 — 0,0284</td><td>191 — 0,0205</td></tr>
<tr><td>65,6 — 0,0574</td><td>92,0 — 0,0417</td><td>138 — 0,0282</td><td>192 — 0,0204</td></tr>
<tr><td>65,8 — 0,0572</td><td>92,5 — 0,0414</td><td>139 — 0,0280</td><td>193 — 0,0203</td></tr>
<tr><td>66,0 — 0,0571</td><td>93,0 — 0,0412</td><td>140 — 0,0278</td><td>194 — 0,0202</td></tr>
<tr><td>66,5 — 0,0567</td><td>93,5 — 0,0410</td><td>141 — 0,0276</td><td>195 — 0,0201</td></tr>
<tr><td>67,0 — 0,0563</td><td>94,0 — 0,0408</td><td>142 — 0,0274</td><td>196 — 0,0200</td></tr>
<tr><td>67,5 — 0,0559</td><td>94,5 — 0,0406</td><td>143 — 0,0272</td><td>197 — 0,0199</td></tr>
<tr><td>68,0 — 0,0555</td><td>95,0 — 0,0404</td><td>144 — 0,0270</td><td>198 — 0,0198</td></tr>
</table>

199 —	0,0197	325 —	0,0121	520 —	0,0077	2150 —	0,0019
200 —	0,0196	330 —	0,0119	540 —	0,0074	2300 —	0,0018
205 —	0,0191	335 —	0,0117	560 —	0,0071	2450 —	0,0017
210 —	0,0187	340 —	0,0115	580 —	0,0069	2600 —	0,0016
215 —	0,0183	345 —	0,0113	600 —	0,0067	2750 —	0,0015
220 —	0,0179	350 —	0,0111	620 —	0,0064	2900 —	0,0014
225 —	0,0175	355 —	0,0110	640 —	0,0062	3000 —	0,0013
230 —	0,0171	360 —	0,0108	660 —	0,0060	3200 —	0,0013
235 —	0,0167	365 —	0,0107	680 —	0,0059	3400 —	0,0012
240 —	0,0164	370 —	0,0106	700 —	0,0057	3600 —	0,0011
245 —	0,0161	375 —	0,0104	750 —	0,0053	3800 —	0,0010
250 —	0,0157	380 —	0,0103	800 —	0,0050	4000 —	0,0010
255 —	0,0154	385 —	0,0102	850 —	0,0047	4300 —	0,0009
260 —	0,0151	390 —	0,0101	900 —	0,0044	4600 —	0,0009
265 —	0,0149	395 —	0,0100	950 —	0,0042	5000 —	0,0008
270 —	0,0146	400 —	0,0099	1000 —	0,0040	5500 —	0,0008
275 —	0,0143	410 —	0,0097	1100 —	0,0036	6000 —	0,0007
280 —	0,0141	420 —	0,0095	1200 —	0,0033	6500 —	0,0006
285 —	0,0138	430 —	0,0093	1300 —	0,0031	7000 —	0,0006
290 —	0,0136	440 —	0,0091	1400 —	0,0029	7500 —	0,0005
295 —	0,0134	450 —	0,0089	1500 —	0,0027	8000 —	0,0005
300 —	0,0131	460 —	0,0087	1600 —	0,0025	8500 —	0,0004
305 —	0,0129	470 —	0,0085	1700 —	0,0023	9000 —	0,0004
310 —	0,0127	480 —	0,0083	1800 —	0,0022	9500 —	0,0004
315 —	0,0125	490 —	0,0081	1900 —	0,0021	10000 —	0,0004
320 —	0,0123	500 —	0,0079	2000 —	0,0020		

www.ingramcontent.com/pod-product-compliance
Lightning Source LLC
LaVergne TN
LVHW021818170726
843503LV00007B/3253